Abhandlungen aus dem
Aerodynamischen Institut
an der Technischen Hochschule Aachen

Herausgegeben von Professor Dr. Th. v. Kármán

Heft 7

Professor Dr. Th. v. Kármán

Über die Grundlagen der Balkentheorie

Mit 2 Abbildungen im Text

Friedrich Seewald

Die Spannungen und Formänderungen von Balken mit rechteckigem Querschnitt

Mit 15 Abbildungen im Text

Ilse Kober

Stegbeanspruchung hoher Biegungsträger

Mit 14 Abbildungen im Text

Max Knein

Zur Theorie des Druckversuchs

Mit 18 Abbildungen im Text

Springer-Verlag Berlin Heidelberg GmbH

1927

ISBN 978-3-662-31319-0 ISBN 978-3-662-31524-8 (eBook)
DOI 10.1007/978-3-662-31524-8

Inhaltsverzeichnis.

Über die Grundlagen der Balkentheorie.

Von Professor Dr. **Th. v. Kármán, Aachen.**

Die Balkentheorie oder die Lehre von der Biegung dünner Stäbe beruht auf der sogenannten Euler-Bernoullischen Annahme, indem man die Krümmung der Zentrallinie proportional setzt dem Biegungsmoment, welches die an der einen Seite des betrachteten Querschnittes wirkenden Kräfte in bezug auf den betreffenden Punkt der Zentrallinie liefern. Da man an den einigen einfachen Fällen, welche insbesonders von St. Venant in exakter Weise durchgerechnet worden sind, erkannte, daß diese Beziehung nur für sehr dünne Stäbe gültig ist, so hat man für praktische Zwecke nach Korrekturen gesucht, welche die Abweichung berücksichtigen. So hat Grashof die mittlere Verdrehung des bei der Biegung allgemein gewölbten Querschnitts berechnet und eine additive Korrektion für die Krümmung erhalten, welche mit der Belastung an der betreffenden Stelle proportional ist. Diese Korrekturen beruhen auf einer halbempirischen Basis; es ergibt sich daher das Problem, die Grundlagen der Balkentheorie systematisch aus der Elastizitätslehre abzuleiten und den Grad der Approximation, sowie die nacheinander folgenden Annäherungen zu ermitteln.

Solche Versuche sind mehrfach unternommen worden, so z. B. von L. N. G. Filon[1]), deren Rechnungsgrundlagen mit den unsrigen vielfach eine Ähnlichkeit zeigen; doch sind die von Filon betrachteten und durchgerechneten Fälle zu speziell, ohne den Schritt vom mehrdimensionalen elastischen Medium zum eindimensionalen Balken systematisch vorgenommen zu haben.

Ich beschränke mich auf den Übergang vom zweidimensionalen Streifen zum Balken. Ein zweidimensionaler Streifen entspricht einem Balken mit viereckigem Querschnitt, dessen Breite sehr klein ist; die Ergebnisse gelten jedoch mit sehr guter Annäherung für viereckige Balken überhaupt, wenn man unter Spannung und Verschiebung schlechthin die über die Breite des Balkens genommenen Mittelwerte versteht.

1. Die Fragestellung.

Wir bezeichnen die Höhe des Streifens mit $2h$ und betrachten den unendlichen Streifen, jedoch unter der Annahme, daß Belastungskräfte nur zwischen zwei Punkten A und B auftreten. Die Strecke AB bezeichnen wir als die Balkenlänge l. Für die Balkentheorie gibt es zwei wichtige Fälle: der eingespannte und frei aufliegende Balken. Den eingespannten Balken können wir auf den unendlichen Balken dadurch zurückführen, daß wir das Kraftsystem an den Balkenenden spiegeln; beim frei aufliegenden Balken müßten die Endquerschnitte spannungsfrei sein. Falls wir den unendlichen Streifen längs der Endquerschnitte AD und BC abgeschnitten denken, so ist diese Bedingung im allgemeinen nicht erfüllt. Da jedoch die Kräfte, welche an dem Balken wirken, ein Gleichgewichtssystem bilden, so liefern die Spannungen an den Stirnflächen des Balkens die Resultierende und das resultierende Moment gleich Null. Nach dem sogenannten St. Venantschen Prinzip ist — wie man unschwer nachweisen kann — der Einfluß eines solchen Spannungssystems nur in einer Entfernung merklich, welche von derselben Größenordnung ist wie die Balkenhöhe. Wir wollen uns daher bei Berechnung der Krümmung auf „innere" Punkte der Zentrallinie beschränken, d. h. auf solche, deren Entfernung von dem Balkenende einigermaßen groß ist gegen die Balkenhöhe. Die Berechnung der Krümmung an den Balkenenden ist Gegenstand einer besonderen Untersuchung.

[1]) Phil. Trans. Roy. soc., Ser. A, Bd. 201, S. 63ff.

Wenn wir nun den frei aufliegenden Balken betrachten, so ist zuerst zu bemerken, daß wir, ohne die Allgemeinheit einzuschränken, sämtliche Belastungskräfte an der einen, z. B. an der oberen Begrenzungslinie angebracht denken können. Wir können offenbar stets oben und unten gleiche und entgegengesetzte Belastungskräfte anbringen, ohne die Krümmung der Zentrallinie zu ändern. Man kann daher sämtliche Belastungskräfte durch Superposition gleicher und entgegengesetzter Kräfte, z. B. auf die obere Begrenzungslinie verschieben.

Die Aufgabe besteht alsdann in folgendem: an einem unendlich langen Streifen wirken längs der Strecke AB der oberen Begrenzungslinie gegebene — stetig verteilte oder in einzelnen Punkten konzentrierte — Kräfte, und zwar senkrecht zur Begrenzungslinie. Diese Kräfte bilden ein Gleichgewichtssystem. Die untere Begrenzungslinie und die obere Begrenzung außer AB sind spannungsfrei. Es ist die Krümmung der Zentrallinie $y = 0$ zu berechnen.

2. Spannungsfunktion und Momentenfläche.

Die Lösung des elastischen Problems für ein zweidimensionales Kontinuum erfolgt am einfachsten durch Ermittlung der Airyschen Spannungsfunktion. Die Spannungen $\sigma_x, \sigma_y, \tau_{xy}$ ergeben sich aus der Spannungsfunktion F durch die Gleichungen (b = Balkenbreite):

$$\sigma_x = \frac{1}{b}\frac{\partial^2 F}{\partial y^2}, \quad \sigma_y = \frac{1}{b}\frac{\partial^2 F}{\partial x^2}, \quad \tau_{xy} = -\frac{1}{b}\frac{\partial^2 F}{\partial x\,\partial y}$$

und die Spannungsfunktion muß in jedem Punkte des Kontinuums der Differentialgleichung $\Delta\Delta F = 0$ genügen $\left(\Delta = \frac{\partial^2}{\partial x^2} + \frac{\partial^2}{\partial y^2}\right)$.

Nun besteht ein einfacher Zusammenhang zwischen dem Werte der Airyschen Funktion an der Begrenzung und der Momentverteilung längs des Balkens, indem die Differenz der Randwerte der Funktion F für ein bestimmtes x und $y = \pm h$ unmittelbar das Moment der äußeren Kräfte in bezug auf den Balkenquerschnitt $x = \text{const}$ angibt. Zunächst ist es klar, daß infolge der Spannungsfreiheit längs der unteren Begrenzung und an der oberen Begrenzung außerhalb der Strecke AB F einen konstanten Wert annimmt; wir können diesen Wert gleich Null setzen. Gehen wir von A aus, so ist offenbar, da $-\sigma_y$ für $y = h$ in die Belastung p übergeht, die letztere gleich $-\frac{\partial^2 F}{\partial x^2}$ und die Querkraft $Q = -\int_0^x p(\xi)\,d\xi = \frac{\partial F}{\partial x}$ das Moment $M = F$. Andererseits folgt aus dem Verschwinden der Schubspannung auf der Begrenzungslinie $\frac{\partial F}{\partial y} = 0$.

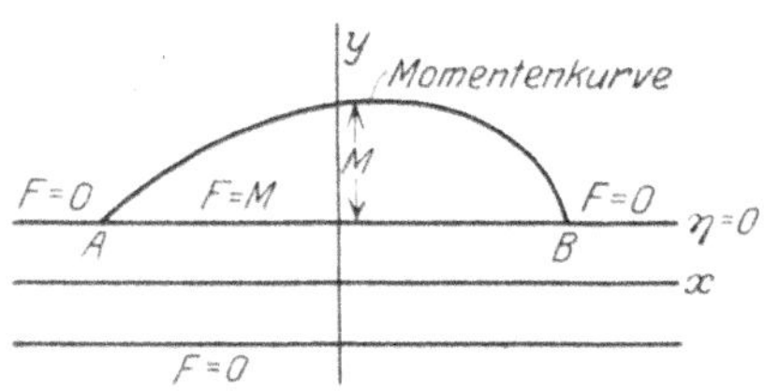

Abb. 1.

Wir können also die Aufgabe folgendermaßen formulieren: liefert das Belastungssystem eine Momentenverteilung $M(x)$, so ist eine Funktion $F(x, y)$ derart zu bestimmen, daß im Innern $\Delta\Delta F = 0$ gilt, am Rande überall $\frac{\partial F}{\partial y}$ verschwindet und F außerhalb der Strecke AB den Wert Null, auf der Strecke AB den Wert $M(x)$ annimmt (vgl. Abb. 1).

3. Die Elementarlösung.

Wir wollen eine Funktion F_0 so bestimmen, daß sie überall bis auf den Punkt P am oberen Rande regulär ist und am ganzen Rand bis auf P samt ihrer ersten Ableitung $\frac{\partial F}{\partial y}$ verschwindet. Falls wir jedoch das Integral $\int_{x-\varepsilon}^{x+\varepsilon} F_0\,d\xi$ bilden, soll es den Wert M ergeben.

Falls wir diese Elementarlösung ermitteln und die Krümmungsverteilung der Zentrallinie berechnen, so haben wir den Einfluß des Momentes M auf die Krümmung der Zentrallinie in einem beliebigen Punkte bestimmt. Alsdann läßt sich die allgemeine Aufgabe durch Superposition erledigen.

Wir wollen zunächst die Singularität in dem Randpunkte P ermitteln.

Zu diesem Zwecke geht man am besten aus von der bekannten Lösung des folgenden Falles: ein Kräftepaar K greife an dem Randpunkte $x = \eta = 0$ der Halbebene $\eta < 0$ an; es ist die Spannungsverteilung im Innern der Halbebene zu ermitteln. Die Spannungsfunktion lautet mit den Koordinaten x, η, wobei η nach unten positiv gemessen wird[1]), $F = \frac{K}{\pi}\left(\operatorname{arctg}\frac{x}{\eta} + \frac{xy}{x_2 + \eta^2}\right)$. Die entsprechenden Randwerte der Spannungsfunktion betragen für $x < 0$, $F = -\frac{K}{2}$, für $x > 0$, $F = \frac{K}{2}$. Der Sprung des Randwertes um den Betrag K entspricht dem in einem Punkte konzentrierten Kräftepaar. Wir wollen nun zwei solcher Kräftepaare anordnen in den Punkten $x = -\varepsilon$ und $x = \varepsilon$, und zwar mit den Momenten K und $-K$. Die resultierende Spannungsfunktion lautet:

$$F = \frac{K}{\pi}\left\{\operatorname{arctg}\frac{x+\varepsilon}{\eta} - \operatorname{arctg}\frac{x+\varepsilon}{\eta} + \frac{(x+\varepsilon)\,\eta}{(x+\varepsilon)^2 + \eta^2} - \frac{(x-\varepsilon)\,\eta}{(x-\varepsilon)^2 + \eta^2}\right\}.$$

Wenn wir die Randwerte beachten, so haben wir für $x < -\varepsilon$ und $x > \varepsilon$, $F = 0$, dagegen für $-\varepsilon < K < \varepsilon$, $F = K$. Wenn wir nun K unbeschränkt wachsen, ε abnehmen lassen, so daß $2K\varepsilon = M$ wird, so erhalten wir die gesuchte Grundlösung zunächst für die Halbebene $\eta < 0$, wie folgt:

$$F_0 = \frac{2M}{\pi}\,\frac{\eta^3}{(x^2 + \eta^2)^2}. \tag{I}$$

Wir legen nun den Punkt $x = \eta = 0$ in $x = 0$, $y = h$, d. h. in einen oberen Randpunkt des Balkens. Die Spannungsverteilung, welche der Funktion (I) entspricht, läßt alsdann die obere Begrenzungslinie spannungsfrei, während die untere Begrenzungslinie unseres Streifens ($y = -h$) Spannungen trägt. Um die Bedingungen $F = 0$, $\frac{\partial F}{\partial y} = 0$ für $y = h$ bzw. $y = -h$ zu erfüllen, wollen wir eine zweite Spannungsfunktion F_1 konstruieren, welche ebenfalls der Gleichung $\Delta\Delta F_1 = 0$ genügt, überall, auch am Rande regulär ist, für $y = h$ die Bedingung $F_1 = 0$, $\frac{\partial F_1}{\partial y} = 0$, für $y = -h$ dagegen die Forderung $F_0 + F_1 = 0$, $\frac{\partial F_0}{\partial y} + \frac{\partial F_1}{\partial y} = 0$ erfüllt.

Hier beachten wir zunächst, daß folgende Funktionen:

$$\mathfrak{Sin}\,(\lambda y)\cos(\lambda x),\quad \lambda y\,\mathfrak{Sin}\,(\lambda y)\cos(\lambda x),$$
$$\mathfrak{Cos}\,(\lambda y)\cos(\lambda x),\quad \lambda y\,\mathfrak{Cos}\,(\lambda y)\cos(\lambda x),$$

vier Partikularlösungen von $\Delta\Delta F = 0$ sind.

Wir wollen aus diesen vier Funktionen vier lineare Kombinationen g_1, g_2, u_1, u_2 derart zusammensetzen, daß sie folgenden Bedingungen genügen:

$g_1(h) = g_2(h) = 1$	$u_1(h) = -u_1(-h) = 1$
$\left(\frac{\partial g_1}{\partial y}\right)_{y=h} = -\left(\frac{\partial g_1}{\partial y}\right)_{y=-h} = 0$	$\left(\frac{\partial u_1}{\partial y}\right)_{y=h} = \left(\frac{\partial u_1}{\partial y}\right)_{y=-h} = 0$
$g_2(h) = g_2(-h) = 0$	$u_2(h) = -u_2(-h) = 0$
$\left(\frac{\partial g_2}{\partial y}\right)_{y=h} = -\left(\frac{\partial g_2}{\partial y}\right)_{y=-h} = 1$	$\left(\frac{\partial u_2}{\partial y}\right)_{y=h} = \left(\frac{\partial u_2}{\partial y}\right)_{y=-h} = 1.$

Alsdann sieht man unmittelbar, daß wenn $a(\lambda)$ und $b(\lambda)$ Funktionen von λ sind und die Integrale $\int\limits_0^\infty a(\lambda)\cos(\lambda x)\,d\lambda$ und $\int\limits_0^\infty b(\lambda)\cos(\lambda x)\,d\lambda$ konvergieren, die Größe

$$F_1 = \int\limits_0^\infty d\lambda\cos\lambda x\left\{\frac{a}{2}(g_1 - u_1) - \frac{b}{2}(g_2 - u_2)\right\}$$

folgenden Bedingungen genügt:

[1]) Vgl. z. B. Love-Timpe: Lehrbuch der Elastizität, S. 253, wo das entsprechende Deformationssystem angegeben ist. Die Spannungsfunktion läßt sich auf Grund der Gl. 10 auf S. 244 einfach ermitteln.

a) sie ist eine Lösung der Differentialgleichung

$$\Delta\Delta F_1 = 0,$$

b) für $y = h$ ist $\quad F_1 = \frac{\partial F_1}{\partial y} = 0,$

c) für $y = h$ ist $\quad F_1 = \int_0^\infty a(\lambda)\cos(\lambda x)\,d\lambda$

$$\frac{\partial F_1}{\partial y} = \int_0^\infty b(\lambda)\cos(\lambda x)\,d\lambda\,.$$

Nun können wir F_0 leicht in die Form eines ähnlichen Integrals bringen, indem wir beachten, daß für $\eta > 0$

$$\int_0^\infty e^{-\lambda\eta}\cos(\lambda x)\,d\lambda = \frac{\eta}{x^2+\eta^2}$$

und

$$\int_0^\infty \lambda e^{-\lambda\eta}\cos(\lambda x)\,d\lambda = \frac{\eta^2 - x^2}{(\eta^2+x^2)^2}$$

beträgt. Aus Kombination dieser beiden Integrale ergibt sich für F_0 der Ausdruck

$$F_0 = \frac{M}{\pi}\int_0^\infty (1+\lambda\eta)\,e^{-\lambda\eta}\cos(\lambda x)\,d\lambda,$$

wobei das Integral außer $y = 0$ überall konvergiert. Setzen wir $y = h - \eta$, so erhalten wir aus den Forderungen

$$F_0(-h) + F_1(-h) = 0$$

$$\left(\frac{\partial F_0}{\partial y}\right)_{y=-h} + \left(\frac{\partial F_1}{\partial y}\right)_{y=-h} = 0$$

für $a(\lambda)$ und $b(\lambda)$ die Ausdrücke:

$$a(\lambda) = -\frac{M}{2\pi}(2\lambda h + 1)\,e^{-2\lambda h}$$

$$b(\lambda) = -\frac{M}{2\pi}\,2h\lambda e^{-2\lambda h}.$$

Nach Durchführung der Berechnung erhalten wir für die gesuchte Grundlösung folgenden Ausdruck:

$$F = \frac{M}{\pi}\int_0^\infty (1+\lambda h-\lambda\eta)\,e^{\lambda(y-h)}\cos(\lambda x)\,d\lambda$$

$$-\frac{M}{\pi}\int_0^\infty (2h\lambda+1)\,e^{-2\lambda h}\,\frac{[\mathfrak{Sin}(\lambda h)+\lambda h\,\mathfrak{Cof}(\lambda h)]\,\mathfrak{Cof}(\lambda y) - \mathfrak{Sin}(\lambda h)\,\lambda y\,\mathfrak{Sin}(\lambda y)}{\mathfrak{Sin}(2h\lambda)+2h\lambda}\cos(\lambda x)\,d\lambda$$

$$\text{(II)}\quad +\frac{M}{\pi}\int_0^\infty (2h\lambda+1)\,e^{-2h\lambda}\,\frac{[\mathfrak{Cof}(\lambda h)+\lambda h\,\mathfrak{Sin}(\lambda h)]\,\mathfrak{Sin}(\lambda y) - \mathfrak{Cof}(\lambda h)\,\lambda y\,\mathfrak{Cof}(\lambda y)}{\mathfrak{Sin}(2\lambda h)-2\lambda h}\cos(\lambda x)\,d\lambda$$

$$+\frac{M}{\pi}\int_0^\infty 2\lambda h e^{-2\lambda h}\,\frac{\lambda h\,\mathfrak{Sin}(\lambda h)\,\mathfrak{Cof}(\lambda y) - \mathfrak{Cof}(\lambda h)\,\lambda y\,\mathfrak{Sin}(\lambda y)}{\mathfrak{Sin}(2\lambda h)-2\lambda h}\cos(\lambda x)\,d\lambda$$

$$-\frac{M}{\pi}\int_0^\infty 2\lambda h e^{-2\lambda h}\,\frac{\lambda h\,\mathfrak{Cof}(\lambda h)\,\mathfrak{Sin}(\lambda y) - \mathfrak{Sin}(\lambda h)\,h y\,\mathfrak{Cof}(\lambda y)}{\mathfrak{Sin}(2\lambda h)-2\lambda h}\cos(\lambda x)\,d\lambda\cdot$$

Der Ausdruck (II) stellt (außer $y = h$) die Spannungsfunktion dar, welche einem „Elementarmoment“ M an der Stelle $x = 0$, $y = h$ entspricht. Für $y = h$ ist das erste Integral durch Null zu ersetzen.

4. Die Krümmung der Mittellinie.

Es steht nun nichts im Wege, für den betrachteten Spannungszustand die Krümmung der Mittellinie zu berechnen. Bezeichnen wir die Verschiebungen eines Punktes innerhalb des Streifens mit u und v, so ist die Krümmung (positiv gerechnet, falls der Balken von unten gesehen konvex erscheint) bei kleinen Deformationen

$$\varkappa = \frac{\partial^2 v}{\partial x^2}.$$

Diese Größe läßt sich folgendermaßen in Ableitungen der Spannungsfunktion ausdrücken: Es besteht zunächst zwischen Winkeländerung und Schubspannung die Beziehung:

$$\sigma_{xy} = \frac{\partial u}{\partial y} + \frac{\partial v}{\partial x} = \frac{1}{G} \tau_{xy},$$

wobei G den sogenannten Gleitmodul bedeutet. Daraus folgt offenbar

$$\frac{\partial^2 v}{\partial x^2} = \frac{1}{G} \frac{\partial \tau_{xy}}{\partial x} - \frac{\partial^2 u}{\partial x \partial y}.$$

Andererseits ist die Dehnung in der x-Richtung (mit E als Elastizitätsmodul, ν Poissonsche Konstante)

$$\varepsilon_x = \frac{\partial u}{\partial x} = \frac{1}{E} (\sigma_x - \nu \sigma_y)$$

und daraus

$$\frac{\partial^2 u}{\partial x \partial y} = \frac{1}{E} \left(\frac{\partial \sigma_x}{\partial y} - \nu \frac{\partial \sigma_y}{\partial y} \right)$$

oder mit Berücksichtigung der Beziehung zwischen den Elastizitätskonstanten:

$$\frac{\nu}{E} = \frac{1}{2G} - \frac{1}{E}$$

$$\frac{\partial^2 u}{\partial x \partial y} = \frac{1}{E} \left(\frac{\partial \sigma_x}{\partial y} + \frac{\partial \sigma_y}{\partial y} \right) - \frac{1}{2G} \frac{\partial \sigma_y}{\partial y}.$$

Nun ist

$$\sigma_x + \sigma_y = \frac{1}{b} \Delta F$$

$$\frac{\partial \tau_{xy}}{\partial x} = - \frac{\partial \sigma_y}{\partial y} = - \frac{1}{b} \frac{\partial^3 F}{\partial x^2 \partial x},$$

so daß wir für die Krümmung $\varkappa$ erhalten:

$$\varkappa = \frac{\partial^2 v}{\partial x^2} = - \frac{1}{Eb} \frac{\partial \Delta F}{\partial y} - \frac{1}{2Gb} \frac{\partial^3 F}{\partial x^2 \partial y}$$

Falls wir diese Größe aus dem Ansatz (II) für die Mittellinie, d. h. $y = 0$ ausrechnen, erhalten wir den verhältnismäßig einfachen Ausdruck:

$$\text{(III)} \quad \varkappa = \frac{2M}{Eb\pi} \int_0^\infty \frac{\lambda^3 \operatorname{Cof}(\lambda h)}{\operatorname{Sin}(2\lambda h) - 2\lambda h} \cos(\lambda x)\, d\lambda + \frac{M}{2Gb\pi} \int_0^\infty \frac{\lambda^4 \operatorname{Sin}(\lambda h)}{\operatorname{Sin}(2\lambda h) - 2\lambda h} \cos(\lambda x)\, d\lambda.$$

Aus Gleichung (III) ersehen wir, daß die Krümmung $\varkappa$ an einer Stelle x keineswegs nur vom Moment an der Stelle x selbst abhängt, sondern jeder örtliche Momentenwert die Krümmung an jeder andern Stelle beeinflußt. Wenn wir die Momentenverteilung durch $M(\xi)$ angeben, so ist der Beitrag des Momentes $M(\xi)$ an der Stelle ξ zur Krümmung an der Stelle x durch $M(\xi)\,k(x,\xi)$ bestimmt, wobei $k(x,\xi)$ durch folgende Formel gegeben ist:

$$\text{(IIIa)}\quad k(x,\xi)=\frac{2}{Eb\pi}\int_0^\infty\frac{\lambda^3\,\mathfrak{Cof}(\lambda h)}{\mathfrak{Sin}(2\lambda h)-2\lambda h}\cos\lambda(x-\xi)\,d\lambda+\frac{1}{2Gb\pi}\int_0^\infty\frac{\lambda^4\,\mathfrak{Sin}(\lambda h)}{\mathfrak{Sin}(2\lambda h)-2\lambda h}\cos\lambda(x-\xi)\,d\lambda.$$

Wir bezeichnen im folgenden $k(x,\xi)$ als die „Krümmungsfunktion".

5. Verlauf der Krümmungsfunktion.

Um den Verlauf der Krümmungsfunktion zu untersuchen, führen wir zunächst die dimensionslose Koordinate $\frac{x}{h}=t$ ein; wir ersetzen ferner λh durch μ und betrachten die beiden Funktionen:

$$\text{(IV)}\qquad k_1(t)=\int_0^\infty\mu^3\frac{\mathfrak{Cof}\,\mu\cos(\mu t)}{\mathfrak{Sin}\,2\mu-2\mu}\,d\mu$$

und

$$k_2(t)=\int_0^\infty\mu^4\frac{\mathfrak{Sin}\,\mu\cos(\mu t)}{\mathfrak{Sin}\,2\mu-2\mu}\,d\mu;$$

a) Entwicklung in der Nähe von $t=0$. Für kleine Werte von t lassen sich $k_1(t)$ und $k_2(t)$ durch eine Potenzreihe annähern. Die betreffenden Entwicklungen lauten:

$$k_1(t)=\sum k_{1n}t^{2n}$$
$$k_2(t)=\sum k_{2n}t^{2n},$$

wobei die Koeffizienten durch die Gleichungen

$$k_{1n}=\frac{(-1)^n}{(2n)!}\int_0^\infty\frac{\mu^{3+2n}\,\mathfrak{Cof}\,\mu}{\mathfrak{Sin}\,2\mu-2\mu}\,d\mu$$

$$k_{2n}=\frac{(-1)^n}{(2n)!}\int_0^\infty\frac{\mu^{4+2n}\,\mathfrak{Sin}\,\mu}{\mathfrak{Sin}\,2\mu-2\mu}\,d\mu$$

bestimmt werden. Die ersten Koeffizienten lauten:

$k_{10}=$	7.224	$k_{20}=$	24.82
$k_{11}=$	-20.27	$k_{21}=$	-120.4
$k_{12}=$	$+42.52$	$k_{22}=$	$335.1.$

b) Asymptotische Entwicklung für große Werte von t. Die asymptotische Entwicklung für große Werte von t erhalten wir am einfachsten, indem wir statt der Integrale in den Gleichungen (IV) die Integrale

$$\int_{-\infty}^{\infty}\mu^3\frac{\mathfrak{Cof}\,\mu\,e^{i\mu t}}{\mathfrak{Sin}\,2\mu-2\mu}\,d\mu\quad\text{und}\quad\int_{-\infty}^{\infty}\mu^4\frac{\mathfrak{Sin}\,\mu\,e^{i\mu t}}{\mathfrak{Sin}\,2\mu-2\mu}\,d\mu,$$

welche genau den doppelten Wert haben, betrachten. Denken wir uns bei komplexem t den Integrationsweg über einen großen Halbkreis in der oberen Halbebene geschlossen, so ist das Integral darstellbar durch die Summe der Residua, welche wir durch Integration um die Nullstellen des Nenners Sin $2\mu-2\mu$ erhalten. Werden die Nullstellen, nach wachsender Größe des Imaginärteiles geordnet, mit μ_1, μ_2, μ_3 usw. bzw. $\overline{\mu}_1, \overline{\mu}_2, \overline{\mu}_3$ usw. bezeichnet, wobei μ und $\overline{\mu}$ gleiche Imaginärteile und mit entgegengesetztem Vorzeichen gleiche Realteile haben, so ist die Summe der Residua z. B. für das erste Integral gleich

$$2\pi i\sum_n\left\{\frac{\mu_n{}^n\,\mathfrak{Cof}\,\mu_n\,e^{i\mu_n t}}{2\,\mathfrak{Cof}\,2\mu_n-2}+\frac{\overline{\mu}_n{}^n\,\mathfrak{Cof}\,\overline{\mu}_n\,e^{i\overline{\mu}_n t}}{2\,\mathfrak{Cof}\,2\overline{\mu}_n-2}\right\}.$$

Nun kann man sich leicht überzeugen, daß der Beitrag des Rundintegrals längs des großen Halbkreises gleich Null ist und die gesuchten Integrale durch die Summe der Residua unmittelbar dargestellt werden.

Um die Entwicklung auszuführen, haben wir zunächst die Wurzeln der Gleichung $\operatorname{Sin} 2\mu - 2\mu = 0$ zu ermitteln. Man erhält (außer $\mu = 0$) mit sehr guter Annäherung

$$\left.\begin{matrix}\mu_n\\ \bar{\mu}_n\end{matrix}\right\} = \pm \frac{1}{2} \log \left\{4\left(n+\frac{1}{4}\right)\pi - 4\,\varepsilon_n\right\} + i\left\{\left(n+\frac{1}{4}\right)\pi - \varepsilon_n\right\},$$

wobei $\varepsilon_n = \dfrac{\log\{(4n+1)\pi\}}{(4n+1)\pi}$ ist.

Die ersten vier Werte für ε_n lauten

$$\begin{aligned}\varepsilon_1 &= 0.18\\ \varepsilon_2 &= 0.13\\ \varepsilon_3 &= 0.10\\ \varepsilon_4 &= 0.07.\end{aligned}$$

Die höheren Wurzeln können dann einfach

$$\left.\begin{matrix}\mu_n\\ \bar{\mu}_n\end{matrix}\right\} = \pm \frac{1}{2} \log 4\left(n+\frac{1}{4}\right)\pi + \left(n+\frac{1}{4}\right)\pi i$$

gesetzt werden. Schreiben wir für $\mu_n = \alpha_n + i\beta_n = \varrho_n e^{i\varphi_n}$, so heißen die beiden Integrale nach leichter Umformung

$$k_1(t) = \sum_n e^{-(\alpha_n + \beta_n t)}\,\varrho_n^3 \cos\{\alpha_n t - \beta_n + 3\varphi_n\}$$

$$k_2(t) = \sum_n e^{-(\alpha_n + \beta_n t)}\,\varrho_n^4 \cos\{\alpha_n t - \beta_n + 4\varphi_n\}.$$

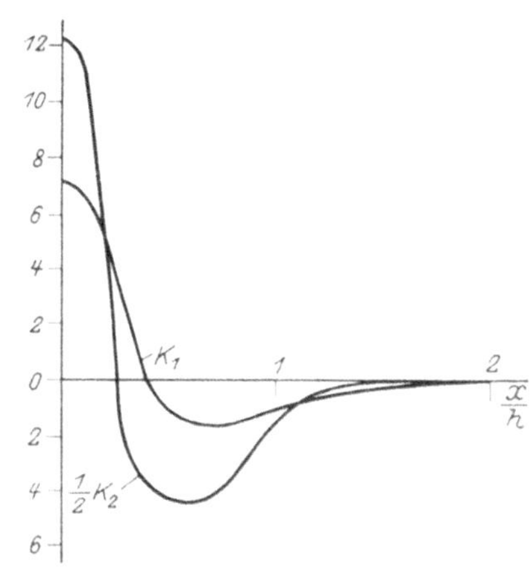

Abb. 2.

Von Interesse ist es, daß die Funktionen k_1 und k_2 und damit die „Krümmungsfunktion" als abhängig von t, d. h. von der laufenden Koordinate längs der Balkenachse oszillatorischen Charakter haben: eine örtliche Verbiegung des Balkens hat eine wellenartige Formänderung der Mittellinie zur Folge. Allerdings nimmt die Krümmung in unmittelbarer Nähe des erzeugenden Momentes sehr rasch ab und die Amplituden der abklingenden Wellen sind bald verhältnismäßig sehr gering.

Der Verlauf der beiden Funktionen, aus welchen sich die Krümmungsfunktion zusammensetzt, ist in Abb. 2 dargestellt.

6. Vergleich mit der technischen Balkentheorie.

Ist für einen Balken — wie es bei den Anwendungen zumeist der Fall ist — die Momentenverteilung $M(\xi)$ zwischen $0 < \xi < l$ gegeben, so ist die Krümmung der Mittellinie an einer beliebigen Stelle x gegeben durch die Gleichung[1])

$$\varkappa(x) = \int_0^l M(\xi)\, k(x, \xi)\, d\xi$$

oder ausführlicher geschrieben:

$$\varkappa = \int_0^l M(\xi)\, d\xi \left\{ \frac{2}{E\pi b} \int_0^\infty \frac{\lambda^3 \operatorname{Cof}(\lambda h)}{\operatorname{Sin}(2\lambda h) - 2\lambda h} \cos[\lambda(x-\xi)]\, d\lambda \right.$$

$$\left. + \frac{1}{2G\pi b} \int_0^\infty \frac{\lambda^4 \operatorname{Sin}(\lambda h)}{\operatorname{Sin}(2\lambda h) - 2\lambda h} \cos[\lambda(x-\xi)]\, d\lambda \right\}.$$

Da die Integrale schon für kleine Werte von $x - \xi$ sehr rasch abnehmen, erhält man bei langsam veränderlichem Moment eine gute Annäherung, indem man

$$M(\xi) = M(x) + M'(x)(x-\xi) + \cdots$$

[1]) Die Darstellung folgt unmittelbar aus den Greenschen Sätzen, welche auf die Gleichung $\Delta\Delta F = 0$ von mehreren Mathematikern übertragen worden sind. Voraussetzung ist, daß M stetig überall wenigstens einseitig differenzierbar ist. Diese Bedingung ist identisch damit, daß die Querkraft endlich bleibt. Konzentrierte Kräfte sind jedoch durchaus erlaubt.

setzt und die Integration statt von 0 bis l zwischen den Grenzen $-\infty$ und $+\infty$ ausführt. Wir erhalten dann folgende Entwicklung:

$$\varkappa(x) = \frac{3\,M(x)}{2\,h^3 b E} - M''(x)\frac{1}{b\,h}\left(\frac{9}{20}\frac{1}{E} + \frac{3}{8}\frac{1}{G}\right)$$

oder wenn man berücksichtigt, daß $-M''(x) = p(x)$ die laufende Belastung des Balkens darstellt

$$\varkappa = \frac{3\,M}{2\,b h^3 E} + \frac{p}{b\,h}\left(\frac{9}{20}\frac{1}{E} + \frac{3}{8}\frac{1}{G}\right).$$

Wir wollen noch das Trägheitsmoment des Balkenquerschnitts $\frac{2\,b\,h^3}{3} = J$ und die Querschnittsfläche $2bh = f$ einführen und erhalten schließlich

$$\varkappa = \frac{M}{J E} + \frac{p}{f}\left(\frac{9}{10}\frac{1}{E} + \frac{3}{4}\frac{1}{G}\right).$$

Das erste Glied entspricht der Euler-Bernoullischen Annahme; das zweite der sogenannten „Schubspannungskorrektion", wie sie in der technischen Festigkeitslehre öfters angewendet wird. Der Gedanke zu dieser Korrektion geht davon aus, daß die Querschnitte sich gegen die Normale zur Balkenmittellinie verdrehen und diese Verdrehung zu der Krümmung, welche dem Biegungsmoment entspricht, zu addieren ist. Die Verdrehung des Querschnittes für Balken mit rechteckigem Querschnitt hat Grashof zu $\frac{3}{2}\frac{Q}{G f}$, C. Bach zu $\frac{6}{5}\frac{Q}{G f}$ errechnet, falls Q die Querkraft bezeichnet. Berücksichtigt man, daß $\frac{dQ}{d\,x} = -p$ ist, so ist der Beitrag zur Krümmung, d. h. zur Verdrehung zweier Querschnitte in der Entfernung eins nach Grashof $\frac{3}{2}\frac{p}{G f}$, nach Bach $\frac{6}{5}\frac{p}{G f}$. Demgegenüberlautet der genaue Wert $\left(\frac{9}{10 E} + \frac{3}{4 G}\right)\frac{p}{f} = \left(\frac{9}{10\,\varepsilon} - \frac{9}{20 G} + \frac{6}{5 G}\right)\frac{p}{f}$ oder mit Berücksichtigung der Beziehung $\frac{1}{G} = \left(\frac{2\,(1+\nu)}{\varepsilon}\right)$ gleich $\left(\frac{6}{5 G} - \frac{9\,\nu}{10\,\varepsilon}\right)\frac{p}{f}$. Wie man sieht, ist das erste Glied identisch mit dem Bachschen Ausdruck, es drückt den Einfluß der Schubkräfte auf die Krümmung aus. Das zweite Glied liefert die „Gegenkrümmung", welche etwa folgendermaßen zustande kommt: die Belastung p ruft Druckspannungen σ_y senkrecht zur Stabachse hervor, welche, wenn man in der Querrichtung fortschreitet, allmählich abnehmen. Die diesen Druckspannungen entsprechende Querdehnung ist daher in den oberen Fasern größer als in den unteren, so daß die durch das Moment hervorgerufene Krümmung etwas vermindert wird. Die Größe dieser Gegenkrümmung ist durch $\frac{9\nu}{10}\cdot\frac{p}{f\varepsilon}$ gegeben.

Die soeben durchgeführte Annäherungsrechnung ist nur dann gültig, wenn M langsam veränderlich ist, namentlich $M''(x)\,h^2$ klein gegen M ist. Naturgemäß versagt die Annäherung, wenn M sehr rasch veränderlich ist oder sogar $\frac{d\,M}{d\,x}$ und $\frac{d^2 M}{d\,x^2}$ unstetig werden, bzw. nicht existieren, wie es bei konzentrierten Lasten und Auflagerkräften der Fall ist. Alsdann muß man auf die Integraldarstellung zurückgreifen. Eine „Differentialgleichung der elastischen Linie" in dem Sinne, daß die Krümmung nur von dem Moment, Querkraft und Belastung an der betreffenden Stelle abhängt, gibt es für diesen Fall gar nicht.

Die vorliegende Arbeit beschränkt sich auf die Ermittlung der Krümmung der Mittellinie. Da wir indessen ein Verfahren zur tatsächlichen Berechnung der Spannungsfunktion F gefunden haben, so ist ein gangbarer Weg zur Ermittlung der Spannungsverteilung im gebogenen Balken eröffnet, welcher namentlich geeignet ist, die Abweichungen von den üblichen Annahmen festzustellen. Von praktischem Interesse ist insbesondere die Spannungsverteilung in Querschnitten nahe der Angriffsstelle einer Einzelkraft, ferner die Verteilung der Schubspannungen bei stark veränderlichem Biegungsmoment. Diese Probleme werden vornehmlich in der nachfolgenden Arbeit des Herrn Seewald erörtert.

Die Spannungen und Formänderungen von Balken mit rechteckigem Querschnitt.

Von **Friedrich Seewald.**

Die Ermittlung der Tragfähigkeit eines Balkens, d. h. die Ermittlung der Spannungsverteilung und der Formänderungen, hervorgerufen durch ein gegebenes Kräftesystem, ist eine der wichtigsten und häufigsten Aufgaben der Technik. Im allgemeinen genügt es, die Festigkeitsrechnung nach der elementaren Theorie, die auf Grund der Navierschen Annahme einer geradlinigen Spannungsverteilung aufgebaut ist, vorzunehmen. Diese Annahme ist jedoch nur dann mit den Gleichgewichtsbedingungen am Balkenelement im Einklang, wenn über die ganze Länge des Balkens ein konstantes Biegungsmoment wirkt. Mithin dürfen äußere Kräfte nur an den beiden Endquerschnitten angreifen. Bei den praktisch wichtigen Fällen greifen jedoch an den Rändern des Balkens Kräfte an, und es entsteht die Frage, wie weit die Spannungsverteilung dann von der errechneten abweicht. Für den Fall einer gleichmäßig über den Balken verteilten Belastung hat St. Venant die Spannungsverteilung gefunden und für einige weitere Fälle stetiger Belastungen hat Timpe die Lösungen angegeben. Es stellt sich dabei heraus, daß die elementare Lösung für lange und dünne Stäbe hinreichend genau ist. Je kürzer der Stab ist um so mehr fallen jedoch die Vernachlässigungen ins Gewicht.

In der folgenden Arbeit soll nun ein Weg gezeigt werden, wie für ganz beliebige Lastverteilungen die Spannungen und Formänderungen in Balken mit rechteckigem Querschnitt mit Hilfe von Einflußfunktionen ermittelt werden können.

Die Anregung zu einer solchen Untersuchung hat v. Kármán durch seine Arbeit „Über die Grundlagen der Balkentheorie" gegeben. Die dort entwickelte Methode eignet sich für die vorliegende Aufgabe. Für die hier behandelten Fragen stellte es sich jedoch als zweckmäßig heraus, die Ansätze in eine etwas andere Form zu kleiden. Daher möge hier eine in sich abgeschlossene Ableitung dieser Ansätze gegeben werden, obwohl dabei manches, was in der Kármánschen Arbeit erläutert ist, wiederholt werden muß.

Die gestellte Aufgabe wird im folgenden als ebenes Problem behandelt. Es wird also vorausgesetzt, daß alle Spannungen parallel zu einer Ebene wirken. Das ist nur richtig für Balken, deren Breite sehr klein ist. Bei endlicher Breite wird der Querschnitt infolge der Querkontraktion verzerrt und nicht genau rechteckig bleiben. Es muß also auch Spannungen senkrecht zu der Ebene geben. Es ist jedoch zu erwarten, daß die Ergebnisse eine sehr gute Annäherung darstellen für Balken mit beliebiger Breite. Die errechneten Spannungen und Verschiebungen kann man dann als über die Balkenbreite genommene Mittelwerte der wirklich vorhandenen Werte betrachten.

Spannungsfunktion.

Unter der Voraussetzung, daß der Balken aus einem Material besteht, welches homogen ist und dem Hookeschen Gesetz gehorcht, lassen sich beim ebenen Problem die Spannungen bekanntlich als Ableitungen einer einzigen Funktion, der Airyschen Spannungsfunktion, darstellen, und zwar ist:

$$\sigma_x = \frac{1}{b}\frac{\partial^2 F}{\partial y^2}; \quad \sigma_y = \frac{1}{b}\cdot\frac{\partial^2 F}{\partial x^2}; \quad \tau = -\frac{1}{b}\frac{\partial^2 F}{\partial x\,\partial y}. \tag{1}$$

Durch diese Art der Darstellung sind die Gleichgewichtsbedingungen von selbst erfüllt. Damit auch die Formänderungsbedingungen erfüllt sind, muß die Funktion F noch der Differentialgleichung genügen:

$$\Delta \Delta F = 0, \qquad \Delta = \frac{\partial^2}{\partial x^2} + \frac{\partial^2}{\partial y^2}. \tag{2}$$

Spannungsfunktion und Moment.

Zunächst denken wir uns alle Lasten senkrecht zur Stabachse wirkend und am oberen Rande angreifend. (Es wird sich später zeigen, daß man den Angriffspunkt der Lasten von einem Rand zum andern verschieben kann, ohne daß irgendwelche Rechnung erforderlich ist.)

Infolge der Voraussetzung, daß die Belastung senkrecht zur Stabachse wirkt, ist dann am oberen sowie am unteren Rande:

$$\tau = -\frac{1}{b} \frac{\partial^2 F}{\partial x \, \partial y} = 0.$$

Daraus folgt:

$$\frac{\partial F}{\partial x} = f(x); \qquad \frac{\partial F}{\partial y} = \text{const.} \tag{3}$$

Ferner ist am unteren Rande $\sigma_y = \frac{1}{b} \frac{\partial^2 F}{\partial x^2} = 0$, mithin

$$\frac{\partial F}{\partial x} = f(y) = \text{const.} \tag{4}$$

Am oberen Rande gilt:

$$\sigma_y = \frac{1}{b} \frac{\partial^2 F}{\partial x^2} = -p.$$

Wenn man berücksichtigt, daß $\frac{\partial^2 M}{\partial x^2} = -p$ ist, so erhält man: $\frac{\partial^2 F}{\partial x^2} = \frac{\partial^2 M}{\partial x^2}$ und hieraus:

$$F = M + k_1 x + k_2. \tag{5}$$

Die konstanten und linearen Glieder von F können jedoch ohne weiteres gleich Null gesetzt werden, da in die Spannungen nur die zweiten Differentialquotienten eingehen. Man erkennt hieraus folgenden einfachen und anschaulichen Zusammenhang zwischen Moment und Spannungsfunktion.

Die Spannungsfunktion stellt eine Fläche dar, die am unteren Rande den Wert Null und am oberen Rande den Wert $F = M$ hat. Ferner verschwindet die äußere Ableitung am oberen und am unteren Rande.

Elementarlösung.

Im folgenden wird als gegeben vorausgesetzt die Momentenverteilung über den Balken. Die Aufgabe besteht dann darin, die Spannungsfunktion zu suchen, die dieser Momentenverteilung entspricht. Man könnte auch von den Lasten selbst ausgehen, jedoch stößt man dann auf formale Schwierigkeiten, die bei dem hier eingeschlagenen Wege nicht auftreten. Die Lösung der Aufgabe soll in der Weise geschehen, daß zunächst die Spannungsfunktion ermittelt wird für den Fall, daß der Balken an einer einzigen Stelle durch ein Biegungsmoment M belastet ist, während sonst überall keinerlei Belastung auf ihn wirkt. Diese Momentenfläche ist in Abb. 1 dargestellt.

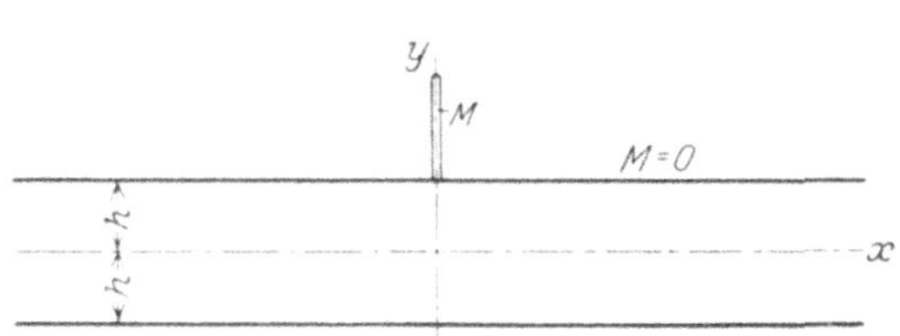

Abb. 1.

Legt man die X-Achse in die Balkenmittellinie, die Y-Achse durch den Angriffspunkt des Moments, und bezeichnet man die Balkenhöhe mit $2h$, so kann man die Spannungsfunktion ansetzen in Form des Fourierschen Integrals:

$$F = \int_0^\infty [A(\lambda) \mathfrak{Cof}\, \lambda y + B(\lambda) \mathfrak{Sin}\, \lambda y + C(\lambda)\, y\, \mathfrak{Cof}\, \lambda y + D(\lambda)\, y\, \mathfrak{Sin}\, \lambda y] \cos \lambda x \, d\lambda \tag{1}$$

Wie man durch Differentiation leicht feststellen kann, genügt diese Funktion der Differentialgleichung $\Delta\Delta F = 0$. Durch entsprechende Wahl der Funktionen $A(\lambda)$; $B(\lambda)$ usw. kann man auch den vorgeschriebenen Randbedingungen genügen.

Für $Y = h$ und $Y = -h$ muß sein:

$$\frac{\partial F}{\partial y} = 0.$$

Daraus ergibt sich die Beziehung:

$$D(\lambda) = -\frac{A(\lambda)\cdot\lambda\cdot\mathfrak{Sin}\,\lambda h}{\mathfrak{Sin}\,\lambda h + \lambda h\,\mathfrak{Cos}\,\lambda h}; \qquad C(\lambda) = -\frac{B(\lambda)\cdot\lambda\,\mathfrak{Cos}\,\lambda h}{\mathfrak{Cos}\,\lambda h + \lambda h\,\mathfrak{Sin}\,\lambda h}.$$

Setzt man diese Ausdrücke in Gleichung (1) ein, so erhält man:

$$F = \int_0^\infty \left[A(\lambda)\left(\mathfrak{Cos}\,\lambda y - \lambda y\,\frac{\mathfrak{Sin}\,\lambda y\cdot\mathfrak{Sin}\,\lambda h}{\mathfrak{Sin}\,\lambda h + \lambda h\,\mathfrak{Cos}\,\lambda h}\right) + B(\lambda)\left(\mathfrak{Sin}\,\lambda y - \frac{\lambda y\,\mathfrak{Cos}\,\lambda y\cdot\mathfrak{Cos}\,\lambda h}{\mathfrak{Cos}\,\lambda h + \lambda h\,\mathfrak{Sin}\,\lambda h}\right)\right]\cos\lambda x\,d\lambda \quad (2)$$

Ferner wird für $Y = h$, $F = M$ und für $Y = -h$ $F = 0$.

Um die Spannungsfunktion am oberen Rande mit M vergleichen zu können, muß man auch M als Fouriersches Integral ausdrücken. Zu diesem Zweck gehen wir aus von der Momentenverteilung, die in Abb. 2 dargestellt ist, nämlich zwischen den Punkten $X = a$ und $X = -a$ die konstante Momentenverteilung $M(x) = \frac{M}{2a}$ und sonst überall $M(x) = 0$.

Nach den Regeln der Fourierschen Integrale läßt sich diese Funktion darstellen in Gestalt des Fourierschen Integrals:

$$M(x) = \frac{2}{\pi}\int_0^\infty \cos\lambda x\,d\lambda \int_0^a M(\alpha)\cos\lambda\alpha\,d\alpha.$$

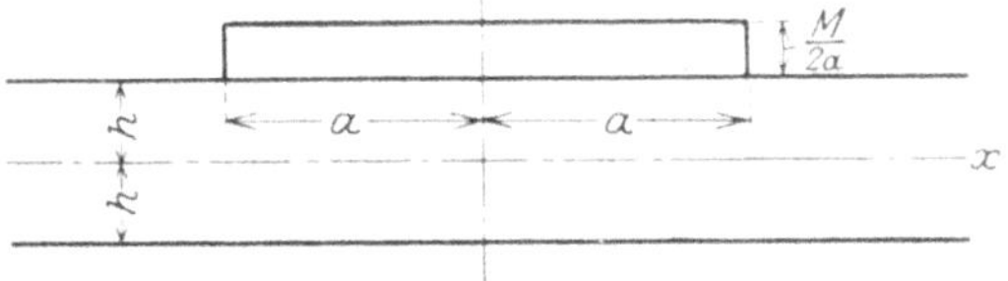

Abb. 2.

In diesem Ausdruck läßt sich das innere Integral leicht ausrechnen, und man erhält:

$$M(x) = \frac{M}{\pi}\int_0^\infty \cos\lambda x\,d\lambda\cdot\frac{\sin\lambda a}{\lambda a}.$$

Läßt man nun a zur Grenze Null übergehen, so geht $M(x)$ in die Momentenverteilung von Abb. 1 über und in der letzten Gleichung wird $\frac{\sin\lambda a}{\lambda a} = 1$.

Setzt man nun in Gleichung (2) für $Y = \pm h$ die entsprechenden Werte ein, so erhält man die Beziehungen:

$$A(\lambda) = \frac{M}{2\pi\left[\mathfrak{Cos}\,\lambda h - \frac{\lambda h\,\mathfrak{Sin}\,\lambda h}{\mathfrak{Sin}\,\lambda h + \lambda h\,\mathfrak{Cos}\,\lambda h}\right]}; \qquad B(\lambda) = \frac{M}{2\pi\left[\mathfrak{Sin}\,\lambda h - \frac{\lambda h\,\mathfrak{Cos}\,\lambda h}{\mathfrak{Cos}\,\lambda h + \lambda h\,\mathfrak{Sin}\,\lambda h}\right]}.$$

Mit diesen Ausdrücken ergibt sich aus Gleichung (2) nach leichter Umformung:

$$F = \frac{M}{\pi}\int_0^\infty \frac{(\lambda h\,\mathfrak{Cos}\,\lambda h + \mathfrak{Sin}\,\lambda h)\,\mathfrak{Cos}\,\lambda y - \mathfrak{Sin}\,\lambda h\cdot\lambda y\cdot\mathfrak{Sin}\,\lambda y}{\mathfrak{Sin}\,2\lambda h + 2\lambda h}\cos\lambda x\,d\lambda$$
$$+\frac{M}{\pi}\int_0^\infty \frac{(\lambda h\,\mathfrak{Sin}\,\lambda h + \mathfrak{Cos}\,\lambda h)\,\mathfrak{Sin}\,\lambda y - \mathfrak{Cos}\,\lambda h\cdot\lambda y\cdot\mathfrak{Cos}\,\lambda y}{\mathfrak{Sin}\,2\lambda h - 2\lambda h}\cos\lambda x\,d\lambda. \quad (3)$$

Hiermit ist die Elementarlösung gewonnen. Die Funktion in Gleichung (3) gibt den Verlauf der Spannungsfunktion und mithin auch die daraus ableitbaren Größen wie die Spannungen an jeder Stelle des Balkens an, hervorgerufen von einem Moment M an der Stelle $x = 0$. Sie stellt also den Einfluß eines Moments M an der Stelle $X = 0$ auf den Verlauf der Spannungsfunktion an irgendeiner anderen Stelle des Balkens dar. Aus Gleichung (3) kann man nun leicht durch Differentiation die Einflußfunktionen für die Spannungen ableiten. Hierfür erhält man:

$$\begin{aligned}
\sigma_x &= \frac{1}{b}\frac{\partial^2 F}{\partial y^2} = \frac{M}{b\pi}\int_0^\infty \frac{(\lambda h\,\mathfrak{Cof}\,\lambda h - \mathfrak{Sin}\,\lambda h)\,\mathfrak{Cof}\,\lambda y - \mathfrak{Sin}\,\lambda h\cdot\lambda y\cdot\mathfrak{Sin}\,\lambda y}{\mathfrak{Sin}\,2\lambda h + 2\lambda h}\cdot\lambda^2\cos\lambda x\,d\lambda \\
&\quad + \frac{M}{b\pi}\int_0^\infty \frac{(\lambda h\,\mathfrak{Sin}\,\lambda h - \mathfrak{Cof}\,\lambda h)\,\mathfrak{Sin}\,\lambda y - \mathfrak{Cof}\,\lambda h\cdot\lambda y\cdot\mathfrak{Cof}\,\lambda y}{\mathfrak{Sin}\,2\lambda h - 2\lambda h}\,\lambda^2\cos\lambda x\,d\lambda \\
\sigma_y &= \frac{1}{b}\frac{\partial^2 F}{\partial x^2} = -\frac{M}{b\pi}\int_0^\infty \frac{(\lambda h\,\mathfrak{Cof}\,\lambda h + \mathfrak{Sin}\,\lambda h)\,\mathfrak{Cof}\,\lambda y - \mathfrak{Sin}\,\lambda h\cdot\lambda y\cdot\mathfrak{Sin}\,\lambda h}{\mathfrak{Sin}\,2\lambda h + 2\lambda h}\,\lambda^2\cos\lambda x\,d\lambda \\
&\quad - \frac{M}{b\pi}\int_0^\infty \frac{(\lambda h\cdot\mathfrak{Sin}\,\lambda h + \mathfrak{Cof}\,\lambda h)\,\mathfrak{Sin}\,\lambda y - \mathfrak{Cof}\,\lambda h\cdot\lambda y\cdot\mathfrak{Cof}\,\lambda y}{\mathfrak{Sin}\,2\lambda h - 2\lambda h}\,\lambda^2\cos\lambda x\,d\lambda \qquad (4)\\
\tau &= -\frac{1}{b}\frac{\partial^2 F}{\partial x\,\partial y} = \frac{M}{b\pi}\int_0^\infty \frac{\lambda h\,\mathfrak{Cof}\,\lambda h\cdot\mathfrak{Sin}\,\lambda y - \mathfrak{Sin}\,\lambda h\cdot\lambda y\cdot\mathfrak{Cof}\,\lambda y}{\mathfrak{Sin}\,2\lambda h + 2\lambda h}\,\lambda^2\sin\lambda x\,d\lambda \\
&\quad + \frac{M}{b\pi}\int_0^\infty \frac{\lambda h\,\mathfrak{Sin}\,\lambda h\cdot\mathfrak{Cof}\,\lambda y - \mathfrak{Cof}\,\lambda h\cdot\lambda y\cdot\mathfrak{Sin}\,\lambda y}{\mathfrak{Sin}\,2\lambda h - 2\lambda h}\,\lambda^2\sin\lambda x\,d\lambda\,.
\end{aligned}$$

Der späteren Verwendung wegen werden die abgekürzten Bezeichnungen eingeführt:

$$\begin{aligned}
\sigma_x &= \frac{M}{b\pi}\int_0^\infty G_1(\lambda, y)\cos\lambda x\,d\lambda + \frac{M}{b\pi}\int_0^\infty G_2(\lambda, y)\cos\lambda x\,d\lambda \\
\sigma_y &= -\frac{M}{b\pi}\int_0^\infty H_1(\lambda, y)\cos\lambda x\,d\lambda - \frac{M}{b\pi}\int_0^\infty H_2(\lambda, y)\cos\lambda x\,d\lambda\,. \qquad (4')\\
\tau &= \frac{M}{b\pi}\int_0^\infty J_1(\lambda, y)\sin\lambda x\,d\lambda + \frac{M}{b\pi}\int_0^\infty J_1(\lambda, y)\sin\lambda x\,d\lambda\,.
\end{aligned}$$

Diese Ausdrücke stellen die Einflußfunktionen für die Spannungen dar. Man könnte sie für beliebige Punkte ausrechnen und dann für jede beliebige Belastung die Spannungen durch Auswertung dieser Einflußlinien finden. Im folgenden soll ein anderer Weg eingeschlagen werden, der den Vorzug hat, daß man zu geschlossenen Formeln kommt. Um jedoch einen Überblick zu gewinnen über den Verlauf dieser Einflußlinien, sollen die obigen Integrale (4) wenigstens für die Balkenmitte also $y = 0$ ausgewertet werden. Für die Balkenmitte nehmen die Integrale die verhältnismäßig einfache Gestalt an:

$$\begin{aligned}
\sigma_x &= \frac{M}{b\pi}\int_0^\infty \frac{\lambda^3 h\,\mathfrak{Cof}\,\lambda h - \lambda^2\,\mathfrak{Sin}\,\lambda h}{\mathfrak{Sin}\,2\lambda h + 2\lambda h}\cos\lambda x\,d\lambda \\
\sigma_y &= -\frac{M}{b\pi}\int_0^\infty \frac{\lambda^3 h\,\mathfrak{Cof}\,\lambda h + \lambda^2\,\mathfrak{Sin}\,\lambda h}{\mathfrak{Sin}\,2\lambda h + 2\lambda h}\cos\lambda x\,d\lambda \\
\tau &= \frac{M}{b\pi}\int_0^\infty \frac{\lambda^3 h\,\mathfrak{Sin}\,\lambda h}{\mathfrak{Sin}\,2\lambda h - 2\lambda h}\sin\lambda x\,d\lambda\,.
\end{aligned}$$

An diesen Integralen soll auch die Art der Auflösung näher erläutert werden. Die später auftretenden Integrale sind alle von derselben Form und werden genau so behandelt.

Auswertung der Integrale.

Zunächst machen wir die Substitution $\lambda h = z$ und führen die dimensionslose Koordinate $t = \frac{x}{h}$ ein. Damit gehen die betrachteten Integrale über in:

$$\sigma_x = \frac{M}{b\pi h^3}\int_0^\infty \frac{z^3 \operatorname{Cof} z - z^2 \operatorname{Sin} z}{\operatorname{Sin} 2z + 2z} \cos ztdz$$

$$\sigma_y = -\frac{M}{b\pi h^3}\int_0^\infty \frac{z^3 \operatorname{Cof} z + z^2 \operatorname{Sin} z}{\operatorname{Sin} 2z + 2z} \cdot \cos ztdz \tag{5}$$

$$\tau = \frac{M}{b\pi h^3}\int_0^\infty \frac{z^3 \operatorname{Sin} z}{\operatorname{Sin} 2z - 2z} \sin ztdz.$$

Für kleine t kann man diese Integrale mit hinreichender Genauigkeit graphisch lösen. Dies geschah in der Weise, daß für die Werte $0 < z < 5$ die zu integrierenden Funktionen aufgetragen wurden und nach der Simpsonschen Regel integriert wurden. Für die Werte $z > 5$ kann man hinreichend genau setzen $\operatorname{Sin} z = \operatorname{Cof} z = \frac{e^z}{2}$ und $2z$ gegen $\operatorname{Sin} 2z$ vernachlässigen, wodurch man leicht integrierbare Funktionen erhält. Für große t wird diese Art der Auflösung jedoch ungenau. Deswegen wurde der Wert der Integrale für große Werte von t durch eine asymptotische Entwicklung gewonnen.

Asymptotische Entwicklung.

Die Ausdrücke unter den Integralzeichen sind alle in z symmetrisch. Daher kann man setzen:

$$\int_0^\infty f(z)dz = \frac{1}{2}\int_{-\infty}^{+\infty} f(z)dz.$$

Führt man noch die Beziehung ein: $e^{izt} = \cos z \cdot t + i \sin zt$, so ergibt sich:

$$\int_0^\infty f(z) \cdot \cos ztdz = \frac{1}{2} \operatorname{Realt} \int_{-\infty}^{+\infty} f(z) e^{izt} dz.$$

$$\int_0^\infty f(z) \sin ztdz = \frac{2i}{1} \operatorname{Im} \int_{-\infty}^{+\infty} f(z) e^{izt} dz.$$

Wir fassen nun z als komplexe Variable auf und wählen als Integrationsweg die reelle Achse von $-\infty$ bis $+\infty$ und den unendlich großen Halbkreis über der oberen Halbebene. Nach den Sätzen der Funktionentheorie ist der Wert eines Integrals gleich 2π mal der Summe der Residua innerhalb des vom Integrationsweg eingeschlossenen Bereiches. Im vorliegenden Falle verschwindet aber das Integral über den Halbkreis bei positivem t. (Für negatives t ist entsprechend der Halbkreis über der unteren Halbebene zu wählen.) Somit wird der Wert der gesuchten Integrale genommen über die reelle Achse unmittelbar gleich der Summe der Residua mal $2\pi i$. Die Residua werden gewonnen durch Integration auf einem kleinen Kreise um die Stellen, wo die zu integrierende Funktion Pole hat, d. h. im vorliegenden Falle, um alle die Stellen, wo der Nenner null wird. Um diese Stellen zu finden sind also zunächst die Wurzeln der beiden Gleichungen $\operatorname{Sin} 2z + 2z = 0$ und $\operatorname{Sin} 2z - 2z = 0$ zu bestimmen.

Die Wurzeln beider Gleichungen liegen symmetrisch zur imaginären Achse. Die Wurzeln der Gleichung $\operatorname{Sin} 2z + 2z = 0$ werden bezeichnet mit

$$z_n = a_n + ib_n = r_n e^{i\psi_n} \text{ und } \bar{z}_n = -a_n + ib_n = -r_n e^{-i\psi_n}$$

die Wurzeln der Gleichung $\mathfrak{Sin}\, 2z - 2z = 0$ entsprechend mit

$$z_n = \alpha_n + i\beta_n = \varrho_n e^{i\varphi_n} \text{ und } \bar{z}_n = -\alpha_n + i\beta_n = -\varrho_n e^{-i\varphi_n}.$$

Die ersten Werte von a und b sowie α und β sind in folgender Tabelle zusammengestellt.

$a_1 = 1{,}1415$	$b_1 = 2{,}1142$	$\alpha_1 = 1{,}38$	$\beta_1 = 3{,}748$
$a_2 = 1{,}533$	$b_2 = 5{,}359$	$\alpha_2 = 1{,}676$	$\beta_2 = 6{,}95$
$a_3 = 1{,}766$	$b_3 = 8{,}537$	$\alpha_3 = 1{,}895$	$\beta_3 = 10{,}117$
$a_4 = 1{,}925$	$b_4 = 11{,}70$	$\alpha_4 = 1{,}995$	$\beta_4 = 13{,}274$
⋮	⋮	⋮	⋮

Bilden wir nun die Summe der Residua beispielsweise für das erste der Integrale (5), so erhalten wir für dieses Integral den Ausdruck:

$$\sigma_x = \frac{M}{b\cdot\pi h^3}\,\mathfrak{Realt}\,\pi i \sum_{n=0}^{n=\infty} \frac{z_n{}^3\,\mathfrak{Cof}\, z_n - z_n{}^2\,\mathfrak{Sin}\, z_n}{2\,\mathfrak{Cof}\, 2z_n + 2}\, e^{i z_n t} + \frac{\bar{z}_n{}^3\,\mathfrak{Cof}\,\bar{z}_n - \bar{z}_n{}^2\,\mathfrak{Sin}\,\bar{z}_n}{2\,\mathfrak{Cof}\, 2\bar{z}_n + 2}\, e^{i\bar{z}_n t}.$$

Setzen wir für z und $\bar{z}$ die oben angegebenen Werte ein, so geht dieser Ausdruck nach leichter Umformung über in:

$$\sigma_x = -\frac{M}{b\,h^3}\sum_{n=0}^{n=\infty} r^3 e^{-(a_n + b_n t)} \sin(a_n t - b_n + 3\psi_n)$$
$$+ \frac{M}{b\,h^3}\sum_{n=0}^{n=\infty} r^2 e^{-(a_n + b_n t)} \sin(a_n t - b_n + 2\psi_n).$$

Ganz entsprechend erhält man für σ_y und τ die Ausdrücke

$$\sigma_y = \frac{M}{b\,h^3}\sum_{n=0}^{n=\infty} r^3 e^{-(a_n + b_n t)} \sin(a_n t - b_n + 3\psi_n)$$
$$+ \frac{M}{b\,h^3}\sum_{n=0}^{n=\infty} r^2 e^{-(a_n + b_n t)} \sin(a_n t - b_n + 2\psi_n)$$
$$\tau = \frac{M}{b\,h^3}\sum_{n=0}^{n=\infty} \varrho^3 e^{-(\alpha_n + \beta_n t)} \cos(\alpha_n t - \beta_n + 3\varphi).$$

Diese Reihen konvergieren um so besser, je größer t wird. Jedoch ist auch für kleine Werte von t etwa bis $t \geqq 1/3$ die Konvergenz sehr gut. Mit Hilfe dieser Reihen wurde die Auswertung der Integrale (5) durchgeführt; zur Abkürzung werden die Bezeichnungen eingeführt:

$$\sigma_x = \frac{M}{b\cdot h^3}\cdot\alpha_1(t)$$
$$\sigma_y = \frac{M}{b\cdot h^3}\cdot\alpha_2(t)$$
$$\tau = \frac{M}{b\cdot h^3}\cdot\alpha_3(t).$$

In Abhängigkeit von t haben die Funktionen α folgenden Wert:

$t =$	$\alpha_1 =$	$\alpha_2 =$	$\alpha_3 =$
0	+ 1,275	— 2,38	0,0000
0,25	+ 0,269	— 1,12	+ 1,378
0,50	— 0,405	+ 0,272	+ 1,213
0,75	— 0,3992	+ 0,7282	+ 0,55
1,0	— 0,22	+ 0,578	+ 0,12
1,5	+ 0,0148	+ 0,1344	— 0,021
2,0	+ 0,00369	+ 0,0061	— 0,00385
2,5	+ 0,000184	— 0,00143	— 0,000296

Um eine Anschauung von dem Charakter dieser Funktionen zu geben, sind sie in Abb. 3 aufgetragen.

Die Ordinaten dieser Linien stellen die Größe der Spannungen an irgendeinem Punkte dar, wenn ein Moment M an der Stelle $x = 0$ wirkt. Wie aus dem Verlauf dieser Linien ersichtlich ist, nehmen die Spannungen sehr schnell ab, wenn der betrachtete Punkt sich von der Angriffsstelle des Moments entfernt. Bei den hier aufgetragenen Linien hat sich die Spannung schon auf 1/400 verringert, wenn $t = 2$ ist, d. h. wenn der Punkt um die Balkenhöhe von der Angriffsstelle entfernt ist. Bemerkenswert ist ferner, daß das Vorzeichen der Einflußlinien wechselt je nach der Entfernung des Punktes. Daß dies so sein **muß**, ist durch folgende Überlegung leicht einzusehen. Wenn ein Balken auf seiner ganzen Länge durch ein konstantes Moment belastet ist, so ist bekanntlich $\sigma_y = 0$. Aus den Einflußlinien gewinnt man die Spannungen dadurch, daß man jede Ordinate der Einflußlinie mit dem zugehörigen Momentenwert multipliziert und die Summe bildet. Wenn nun das Moment von $-\infty$ bis $+\infty$ konstant ist, so muß diese Summe null werden. Da die Einflußlinie für σ_y aus zwei symmetrischen Zweigen besteht, so muß in jedem dieser Zweige von der Einflußlinie ein positiver und ein negativer Flächenteil umschrieben werden, die beide inhaltsgleich sind. Auch für σ gilt eine ganz entsprechende Überlegung. Der letzte Schluß von der Gleichheit des positiven und des negativen Teils der Einflußfläche gilt jedoch nur für Punkte der Balkenmittellinie.

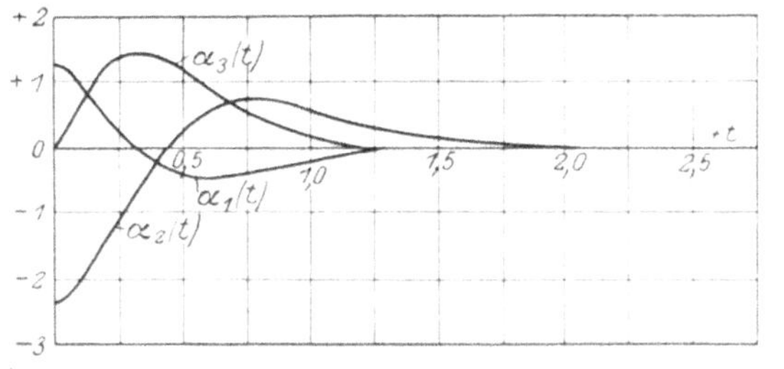

Abb. 3.

Ermittlung der Spannungen für bestimmte Belastungen.

Auf den Balken wirke eine Momentenbelastung, die sich stückweise in eine Taylorsche Reihe entwickeln lasse. An der Grenze solcher Gebiete können beliebige Knicke oder Unstetigkeiten in der Momentenkurve sein. Das ist eine Voraussetzung, die in der Praxis immer erfüllt ist.

Zwischen zwei Punkten $x = a$ und $x = b$ liege ein solcher Bereich, wo die Momentenkurve stetig und stetig differenzierbar ist. Die Aufgabe wird nun in zwei Teilen behandelt, und zwar werden zunächst die Spannungen im Innern eines solchen regulären Bereiches ermittelt. Später wird dann die Wirkung der Unstetigkeiten berücksichtigt.

Legt man die Ordinate $X = 0$ durch den zu betrachtenden Punkt, so läßt sich das Moment im Innern eines oben definierten Bereiches durch die Reihe darstellen:

$$M(x) = M_0 + M_0' \cdot x + \frac{M_0''}{2} x^2 + \frac{M_0'''}{6} x^3 + \cdots$$

Man erhält nun die Spannungen, indem man jede Ordinate der Einflußlinie mit dem entsprechenden Momentenwert multipliziert und dann integriert. So ergibt sich z. B. für σ

$$\begin{aligned} \sigma_x = \frac{1}{b\pi} \int_a^b M(x)\,dx \int_0^\infty & \frac{(\lambda h\, \mathfrak{Cof}\, \lambda h - \mathfrak{Sin}\, \lambda h)\, \mathfrak{Cof}\, \lambda y - \mathfrak{Sin}\, \lambda h \cdot \lambda y\, \mathfrak{Sin}\, \lambda y}{\mathfrak{Sin}\, 2\lambda h - 2\lambda h} \lambda^2 \cos \lambda x\, d\lambda \\ + \frac{1}{b\pi} \int_a^b M(x)\,dx \int_0^\infty & \frac{(\lambda h\, \mathfrak{Sin}\, \lambda h - \mathfrak{Cof}\, \lambda h)\, \mathfrak{Sin}\, \lambda y - \mathfrak{Cof}\, \lambda h \cdot \lambda y\, \mathfrak{Cof}\, \lambda y}{\mathfrak{Sin}\, 2\lambda h - 2\lambda h} \lambda^2 \cos \lambda x\, d\lambda. \end{aligned} \tag{6}$$

Aus dem Verlauf der Einflußfunktionen kann man erkennen, daß die Momentenverteilung in einiger Entfernung von dem betrachteten Punkte nur von untergeordneter Bedeutung ist. Man kann daher erwarten, zu einer guten Näherungslösung zu kommen, wenn man zunächst einmal annimmt, die Reihe für $M(x)$ wäre zu beiden Seiten des Punktes noch sehr weit gültig bis etwa zu den Punkten $X = 1$ und $X = -1$. Dann erkennt man sofort, daß alle ungeraden Differentialquotienten von M keinen Beitrag zu σ_x liefern, da die Einflußfunktion in x gerade die Glieder mit ungeraden Differentialquotienten aber ungerade in x sind. Führt man für die übrigen Glieder der Reihe $M(x)$ die Integration nach x aus, so erhält man:

$$\sigma_x = \frac{2}{b\pi}\int\limits_0^\infty \frac{(\lambda h\,\mathfrak{Cof}\,\lambda h - \mathfrak{Sin}\,\lambda h)\,\mathfrak{Cof}\,\lambda y - \mathfrak{Sin}\,\lambda h\cdot\lambda y\cdot\mathfrak{Sin}\,\lambda y}{\mathfrak{Sin}\,2\lambda h + 2\lambda h}\,\lambda^2\left(\frac{M_0}{\lambda} - \frac{M^{II}}{\lambda^3} + \cdots\right)\sin\lambda l\,d\lambda$$

$$+\frac{2}{b\pi}\int\limits_0^\infty \frac{(\lambda h\,\mathfrak{Sin}\,\lambda h - \mathfrak{Cof}\,\lambda h)\,\mathfrak{Sin}\,\lambda y - \mathfrak{Cof}\,\lambda h\cdot\lambda y\cdot\mathfrak{Cof}\,\lambda y}{\mathfrak{Sin}\,2\lambda h - 2\lambda h}\,\lambda^2\left(\frac{M_0}{\lambda} - \frac{M^{II}}{\lambda^3} + \frac{M^{IV}}{\lambda^5} + \cdots\right)\sin\lambda l\,d\lambda$$

Ganz entsprechend erhält man für σ_y und τ:

$$\sigma_y = -\frac{2}{b\pi}\int\limits_0^\infty \frac{(\lambda h\,\mathfrak{Cof}\,\lambda h + \mathfrak{Sin}\,\lambda h)\,\mathfrak{Cof}\,\lambda y - \mathfrak{Sin}\,\lambda h\cdot\lambda y\cdot\mathfrak{Sin}\,\lambda h}{\mathfrak{Sin}\,2\lambda h + 2\lambda h}\,\lambda^2\left(\frac{M_0}{\lambda} - \frac{M^{II}}{\lambda^3} + \cdots\right)\sin\lambda l\,d\lambda$$

$$-\frac{2}{b\pi}\int\limits_0^\infty \frac{(\lambda h\,\mathfrak{Sin}\,\lambda h + \mathfrak{Cof}\,\lambda h)\,\mathfrak{Sin}\,\lambda y - \mathfrak{Cof}\,\lambda h\cdot\lambda y\,\mathfrak{Cof}\,\lambda y}{\mathfrak{Sin}\,2\lambda h - 2\lambda h}\,\lambda^2\left(\frac{M_0}{\lambda} - \frac{M^{II}}{\lambda^3} + \cdots\right)\sin\lambda l\,d\lambda \qquad (7)$$

$$\tau = \frac{2}{b\pi}\int\limits_0^\infty \frac{\lambda h\,\mathfrak{Cof}\,\lambda h\cdot\mathfrak{Sin}\,\lambda y - \mathfrak{Sin}\,\lambda h\cdot\lambda y\cdot\mathfrak{Cof}\,\lambda y}{\mathfrak{Sin}\,2\lambda h + 2\lambda h}\,\lambda^2\left(\frac{M_0^I}{\lambda} - \frac{M^{III}}{\lambda^4} + \cdots\right)\cos\lambda l\,d\lambda$$

$$+\frac{2}{b\pi}\int\limits_0^\infty \frac{\lambda h\,\mathfrak{Sin}\,\lambda h\,\mathfrak{Cof}\,\lambda y - \mathfrak{Cof}\,\lambda h\cdot\lambda y\cdot\mathfrak{Sin}\,\lambda y}{\mathfrak{Sin}\,2\lambda h - 2\lambda h}\,\lambda^2\left(\frac{M_0^I}{\lambda^2} - \frac{M^{III}}{\lambda^4} + \cdot\;\cdot\right)\cos\lambda l\,d\lambda$$

Wir setzen wieder:

$$\int\limits_0^\infty f(\lambda)\sin\lambda l\,d\lambda = \frac{1}{2i}\,\mathfrak{Im}\int\limits_{-\infty}^{+\infty} f(\lambda)\,e^{\lambda i l}\,d\lambda = \pi\sum\mathfrak{Res}$$

$$\int\limits_0^\infty f(\lambda)\cos\lambda l\,d\lambda = \frac{1}{2}\,\mathfrak{Realt}\int\limits_{-\infty}^{+\infty} f(\lambda)\,e^{i\lambda l}\,d\lambda = \pi i\sum\mathfrak{Res}.$$

Die Auflösung geschieht wieder mit Hilfe des Residuensatzes, und zwar wird zunächst das Residuum für die Stelle $\lambda = 0$ ausgerechnet. Für kleine λ kann man die Funktionen unter den Integralzeichen in eine Potenzreihe nach λ entwickeln. Das Residuum erhält man durch Integration auf einem kleinen Halbkreis um den Punkt $\lambda = 0$. Wir betrachten zunächst die beiden Integrale, die σ_x darstellen und erhalten:

$$\mathfrak{Res}_{(\lambda=0)} = \frac{1}{\pi i}\int\limits_{-\varepsilon}^{+\varepsilon}\left[-\frac{12y}{8h^3} + \left(\frac{y^3}{2h^3} - \frac{3y}{10h}\right)\lambda^2 + \left(\frac{y^3}{8h} + \frac{3y^5}{80h^3} - \frac{51h\cdot y}{560}\right)\lambda^4 + \cdots\right]\cdot\left[\frac{M_0}{\lambda} - \frac{M^{II}}{\lambda^3}\right]e^{i\lambda l}\,d\lambda$$

$$+\frac{1}{\pi i}\int\limits_{-\varepsilon}^{+\varepsilon}\left[\left(\frac{h^2}{12} - \frac{y^2}{4}\right)\lambda^4 + \cdots\right]\cdot\left[\frac{M_0}{\lambda} - \frac{M^{II}}{\lambda^3} + \frac{M^{IV}}{\lambda^5} + \cdots\right)e^{i\lambda l}\,d\lambda.$$

Bei der Integration um die Nullstelle liefern nur die Glieder $\int\limits_{-\varepsilon}^{+\varepsilon}\frac{1}{\lambda}\,e^{i\lambda l}\,d\lambda$ einen endlichen Wert und zwar πi. Alle übrigen Glieder ergeben bei der Integration den Wert null. Die Integration ist somit leicht auszuführen und ergibt:

$$\sigma_x = -M_0\cdot\frac{12y}{8bh^3} - \frac{M^{II}}{b}\left(\frac{y^3}{2h^3} - \frac{3y}{10h}\right) + \frac{M^{IV}}{b}\left(\frac{3y^5}{80h^3} + \frac{y^3}{8h} - \frac{51h\cdot y}{560} + \frac{y^2}{4} - \frac{h^2}{12}\right) + \cdots$$

Ersetzt man nun $\frac{8bh^3}{12}$ durch J und setzt ferner:

$$\frac{\partial^2 M}{\partial x^2} = -p;\quad \frac{\partial^4 M}{\partial x^4} = -\frac{\partial^2 p}{\partial x^2}\cdots$$

so erhält man:

$$\sigma_x = -\frac{M}{J}\cdot y + \frac{p}{b}\left(\frac{y^3}{2h^3} - \frac{3\,y}{10\,h}\right) - \frac{1}{b}\frac{\partial^2 p}{\partial x^2}\left(\frac{y^3}{8h} + \frac{3\,y^5}{80h^3} - \frac{51}{560}\frac{y^5}{h^3} + \frac{y^2}{4} - \frac{h^2}{12}\right) + \cdots$$

Genau ebenso ergibt sich: (8)

$$\sigma_y = \frac{p}{2\,b} + \frac{p}{b}\left(\frac{3y}{4h} - \frac{y^3}{4h^3}\right) - \frac{1}{b}\frac{\partial^2 p}{\partial x^2}\left(\frac{h^2}{10} + \frac{y\cdot h}{8} - \frac{\lambda^5}{40h^3}\right) + \cdots$$

$$\tau = \frac{Q}{J}\left(h^2 - y^2\right) - \frac{1}{b}\frac{\partial^2 Q}{\partial x^2}\frac{(h^4 - y^4)}{8\,h^3}\,.$$

Das erste Glied von σ_x und τ ist identisch mit der elementaren Lösung; die weiteren Glieder geben die zusätzlichen Spannungen an, die hervorgerufen werden durch die Pressung an den Angriffsflächen der Lasten. Diese Lösung ist streng richtig, wenn sich die Momentenkurve ohne Unstetigkeiten oder Knicke bis ins Unendliche erstreckt. Es wird sich später zeigen, daß es praktisch ausreichend ist, wenn nur in einer Entfernung, die etwa gleich der Balkenhöhe ist, keine solche Störung vorhanden ist, ein Ergebnis, das nach dem Verlauf der Einflußlinien schon zu erwarten ist. Wenn man den Balken nun nicht bis ins Unendliche sich erstrecken läßt, sondern ihn irgendwo abschneidet, so hat man, damit die Lösung richtig bleibt, an den Endquerschnitten die Spannungen anzubringen, die nach obigen Ausdrücken in diesen Schnitten auftreten. Die in einem solchen Schnitt auftretenden σ_x ergeben ein Moment, das gleich dem äußeren Moment ist. Sie haben aber keine Resultierende. Ist das äußere Moment gleich null, so ist auch das resultierende Moment der Spannungen gleich null. Die Schubspannungen ergeben eine Resultierende, die gleich dem Auflagerdruck ist, der an der Stelle anzubringen ist, damit die äußeren Kräfte im Gleichgewicht sind.

Wir gehen nunmehr dazu über, die Spannungen in der Nähe von solchen Stellen zu untersuchen, wo die Reihenentwicklung für das Moment nicht mehr gültig ist. Als wichtigsten Fall wählen wir den, daß die Momentenfläche Knicke hat, d. h. daß der Balken durch Einzellasten belastet ist.

Der durch Einzellasten belastete Balken.

Man denke sich einen Balken an einer beliebigen Stelle durch eine konzentrierte Kraft P belastet und an zwei Stellen, etwa $\xi = a$ und $\xi = -b$, aufgelagert. Die entsprechende Momentenverteilung sei $M(\xi)$. Den Punkt $\xi = 0$ legen wir in die Wirkungslinie der Kraft P. Dann ergeben sich die Spannungen z. B. σ_x aus Gleichung (4′) in folgender Form.

$$\sigma_x = \frac{1}{\pi b}\int_{-b}^{+a} M(\xi)\,d\xi \int_0^\infty G_1(\lambda_1 y)\cos\lambda(x-\xi)\,d\lambda + \frac{1}{b\pi}\int_{-b}^{+a} M(\xi)\,d\xi \int_0^\infty G_2(\lambda_1 y)\cos\lambda(x-\xi)\,d\lambda\,. \qquad (9)$$

Bezeichnet man das Moment unter der Last P mit M_0 und die Neigungen der Momentenkurve rechts und links von der Last mit M_r' bzw. M_l', so werden die beiden Zweige der Momentenkurve dargestellt durch die Gleichungen:

$$M_r(\xi) = M_0 - M_r'\cdot\xi;\quad M_l(\xi) = M_0 + M_l'\cdot\xi\,.$$

Bei dem ersten Integral von (9) können wir die Integrationsfolge vertauschen und erhalten durch partielle Integration zunächst:

$$\int_{-b}^{+a} M_0\cos\lambda(x-\xi)\,d\xi = -\frac{M_0}{\lambda}\sin\lambda(x-a) + \frac{M_0}{\lambda}\sin\lambda(x+b)$$

$$-\int_{-0}^{+a} M_r'\cdot\xi\cdot\cos\lambda(x-\xi)\,d\xi = \frac{M_r'}{\lambda}\,a\sin\lambda(x-a) - \frac{M_r'}{\lambda}\int_0^a \sin\lambda(x-\xi)\,d\xi$$

$$+\int_{-b}^{0} M_l'\cdot\xi\cdot\cos\lambda(x-\xi(d\xi = -\frac{M_l'}{\lambda}\cdot b\sin\lambda(x+b) + \frac{M_l'}{\lambda}\int_{+b}^{0}\sin\lambda(x-\xi)\,d\xi\,.$$

Wenn man berücksichtigt, daß $M_r' \cdot a = M_l' \cdot b = M_0$ ist, so ergibt sich:

$$\int_{-b}^{+a} M(\xi)\cos\lambda(x-\xi)\,d\xi = -\frac{M_r'}{\lambda}\int_0^a \sin\lambda(x-\xi)\,d\xi + \frac{M_l'}{\lambda}\int_{-b}^0 \sin\lambda(x-\xi)\,d\xi$$

und hieraus:

$$\int_{-b}^{+a} M(\xi)\cos\lambda(x-\xi)\,d\xi = -\frac{M_r'}{\lambda^2}\cos\lambda(x-a) + \frac{M_r'}{\lambda^2}\cos\lambda x$$
$$-\frac{M_l'}{\lambda^2}\cos\lambda(x+b) + \frac{M_l'}{\lambda^2}\cos\lambda x\,.$$

Die durch die Last P hervorgerufenen Auflagerdrücke werden mit P_r und P_l bezeichnet. Dann ist $M_r' = P_r$ und $M_l' = P_l$. Mit Berücksichtigung dieser Beziehung erhält man für das erste Integral von (9):

$$\frac{1}{b\pi}\int_{-b}^{a} M(\xi)\,d\xi\int_0^\infty G_1(\lambda, y)\cos\lambda(x-\xi)\,d\lambda = \frac{P}{b\pi}\int_0^\infty \frac{1}{\lambda^2}G_1(\lambda, y)\cos\lambda x\,d\lambda$$
$$-\frac{P_r}{b\pi}\int_0^\infty \frac{1}{\lambda^2}G_1(\lambda, y)\cos\lambda(x-a)\,d\lambda$$
$$-\frac{P_e}{b\pi}\int_0^\infty \frac{1}{\lambda^2}G_1(\lambda, y)\cos\lambda(x+b)\,d\lambda\,.$$

Bei dem zweiten Integral für σ_x in Gleichung (9) tritt insofern eine Schwierigkeit auf, als bei der Integration nach ξ die Funktion unter dem inneren Integral im Nullpunkt eine singuläre Stelle bekommt. Wir helfen uns in folgender Weise:

Die Funktion $G_2(\lambda, y)$ hat für kleine λ den Wert:

$$G_2(\lambda, y) = -\frac{12y}{8h^3} + \left(\frac{y^3}{2h^3} - \frac{3y}{10h}\right)\lambda^2 + \dots\,.$$

Da bei der oben ausgeführten Integration nach ξ ein λ^2 in den Nenner tritt, so wird das erste Glied dieser Reihe im Nullpunkt unendlich. Dadurch ist die Integrationsfolge nicht mehr vertauschbar. Diese Schwierigkeit kann man beheben, indem man den Ausdruck $\int_{-b}^{+a} M(\xi)\,d\xi\int_0^{-\infty}\frac{12y}{8h^3}\cos\lambda(x-\xi)\,d\lambda$ addiert und subtrahiert. Dann erhält man:

$$\int_{-b}^{+a} M(\xi)\,d\xi\int_0^\infty G_2(\lambda, y)\cos\lambda(x-\xi)\,d\lambda = -\frac{12y}{8h^3}\int_{-b}^{+a} M(\xi)\,d\xi\int_0^\infty \cos\lambda(x-\xi)\,d\lambda$$
$$+\int_{-b}^{+a} M(\xi)\,d\xi\int_0^\infty\left[G_2(\lambda, y) + \frac{12y}{8h^3}\right]\cdot\cos\lambda x\,d\lambda\,.$$

Nunmehr ist die Funktion unter dem letzten Integral überall regulär und man kann genau so verfahren wie oben. Der hinzugefügte Teil hat eine sehr einfache Bedeutung. Wenn man berücksichtigt, daß $\cos\lambda(x-\xi) = \cos\lambda x\cos\lambda\xi + \sin\lambda x\cdot\sin\lambda\xi$ ist, so kann man dafür setzen:

$$\frac{12y}{8h^3}\int_{-b}^{+a} M(\xi)\,d\xi\int_0^\infty \cos\lambda(x-\xi)\,d\lambda = \frac{12y\cdot\pi}{8h^3}\left[\frac{1}{\pi}\int_{-b}^{+a} M(\xi)\cdot\sin\lambda\xi\,d\xi\int_0^\infty \sin\lambda x\,d\lambda\right.$$
$$\left.+\frac{1}{\pi}\int_{-b}^{+a} M(\xi)\,d\xi\cdot\cos\lambda\xi\int_0^\infty \cos\lambda x\,d\lambda\,.\right.$$

Der Ausdruck in der Klammer ist nun weiter nichts als das Moment $M(\xi)$ dargestellt in der Form eines Fourierschen Integrals. Somit wird:

$$-\frac{12y}{h^3\cdot 8}\int_{-b}^{+a} M(\xi)\,d\xi\int_0^\infty \cos\lambda(x-\xi)\,d\lambda = -\frac{12y\cdot\pi}{8h^3}M\,.$$

Setzt man die so erhaltenen Werte in Gleichung (9) ein, so erhält man:

$$\sigma_x = -\frac{My}{\frac{8b\cdot h^3}{12}} + \frac{1}{b\pi}\int_0^\infty \frac{1}{\lambda^2}G_1(\lambda, y)\left[P\cos\lambda x - P_r\cos\lambda(x-a) - P_l\cos\lambda(x+b)\right]dx$$

$$+\frac{1}{b\pi}\int\frac{1}{\lambda^2}\left(G_2(\lambda, y) + \frac{12y}{8h^3}\right)\left[P\cdot\cos\lambda x - P_r\cos\lambda(x-a) - P_l\cos\lambda(x+b)\right]d\lambda\,.$$

In dem ersten Glied tritt nun wieder der Ausdruck $\frac{8bh^3}{12}$ auf, der das Trägheitsmoment des Querschnittes darstellt und mit J bezeichnet werden möge. Das erste Glied der gewonnenen Lösung ist somit wieder identisch mit dem Ergebnis der elementaren Theorie. Die Spannungen σ_y und τ ergeben sich genau so. Hierbei ist auch die Integrationsfolge ohne weiteres vertauschbar, und man erhält, wenn für G_1, G_2, H usw. wieder die ursprünglichen Werte eingesetzt werden:

$$\sigma_x = -\frac{M}{y}y + \frac{1}{b\pi}\int_0^\infty \frac{(\lambda h\,\mathfrak{Cof}\,\lambda h - \mathfrak{Sin}\,\lambda h)\,\mathfrak{Cof}\,\lambda y - \mathfrak{Sin}\,\lambda h\cdot\lambda y\cdot\mathfrak{Sin}\,\lambda y}{\mathfrak{Sin}\,2\lambda h + 2\lambda h}$$

$$\left[P\cos\lambda x - P_r\cos\lambda(x-a) - P_l\cos\lambda(x+b)\right]d\lambda$$

$$+\frac{1}{b\pi}\int_0^\infty\left[\frac{\lambda h\,\mathfrak{Sin}\,\lambda h - \mathfrak{Cof}\,\lambda h)\,\mathfrak{Sin}\,\lambda y - \mathfrak{Cof}\,\lambda h\cdot\lambda y\cdot\mathfrak{Cof}\,\lambda y}{\mathfrak{Sin}\,2\lambda h - 2\lambda h} + \frac{12y}{8h^3y^2}\right]$$

$$\left[P\cos\lambda x - P_r\cos\lambda(x-a) - P_l\cos\lambda(x+b)\right]d\lambda$$

$$\sigma_y = -\frac{1}{b\pi}\int_0^\infty \frac{(\lambda h\,\mathfrak{Cof}\,\lambda h + \mathfrak{Sin}\,\lambda h)\,\mathfrak{Cof}\,\lambda y - \mathfrak{Sin}\,\lambda h\cdot\lambda y\cdot\mathfrak{Sin}\,\lambda y}{\mathfrak{Sin}\,2\lambda h + 2\lambda h} \tag{10}$$

$$\left[P\cdot\cos\lambda x - P_r\cos\lambda(x-a) - P_l\cos\lambda(x+b)\right]d\lambda$$

$$-\frac{1}{b\pi}\int_0^\infty\left[\frac{(\lambda h\,\mathfrak{Sin}\,\lambda h + \mathfrak{Cof}\,\lambda h)\,\mathfrak{Sin}\,\lambda y - \mathfrak{Cof}\,\lambda h\cdot\lambda y\cdot\mathfrak{Cof}\,\lambda y}{\mathfrak{Sin}\,2\lambda h - 2\lambda h}\right]$$

$$\left[P\cdot\cos\lambda x - P_r\cos\lambda(\alpha-a) - P_l\cos\lambda(x+b)\right]d\lambda$$

$$\tau = \frac{1}{b\pi}\int_0^\infty \frac{\lambda h\,\mathfrak{Cof}\,\lambda h\cdot\mathfrak{Sin}\,\lambda y - \mathfrak{Sin}\,\lambda h\cdot\lambda y\cdot\mathfrak{Cof}\,\lambda y}{\mathfrak{Sin}\,2\lambda h + 2\lambda h}\left[P\sin\lambda r - P_r\sin\lambda(x-a) - P_l\sin\lambda(x+b)\right]d\lambda$$

$$+\frac{1}{b\pi}\int_0^\infty \frac{\lambda h\,\mathfrak{Sin}\,\lambda h\cdot\mathfrak{Cof}\,\lambda y - \mathfrak{Cof}\,\lambda h\cdot\lambda y\cdot\mathfrak{Sin}\,\lambda y}{\mathfrak{Sin}\,2\lambda h - 2\lambda h}\left[P\cdot\sin\lambda r - P_r\sin\lambda(x-a) - P_l\sin\lambda(x+b)\right]d\lambda\,.$$

Diese Ausdrücke sind für die Lasten P, P_l und P_r vollständig gleichartig. Setzt man noch $x-a=x_r$ und $x+b=x_l$, so tritt diese Gleichartigkeit noch besser hervor. Die Nullpunkte von x_r und x_e liegen dann in den Wirkungslinien der entsprechenden Last. Daraus erkennt man, daß in einem durch Einzellasten belasteten Balken eine Spannung $\sigma_{x_0} = -\frac{M}{J}y$ herrscht, dazu kommen dann noch die Zusatzspannungen, die für alle Lasten denselben Charakter haben. Man kann diese Zusatzspannungen für eine Last P ein für alle mal ausrechnen und dann durch

Überlagerung den Spannungszustand bei einer beliebigen Gruppierung von Einzellasten bestimmen. Da die Zusatzspannungen sich für jede Last gesondert ergeben und von dem Verlauf der Momentenkurve sowie der Anordnung aller übrigen Lasten vollständig unabhängig sind, so ist damit die Möglichkeit gegeben, auch die Spannungsverteilung anzugeben, wenn die Lasten an verschiedenen Rändern angreifen. Man braucht nur die Zusatzspannungen an der Mittellinie des Balkens zu spiegeln, um die Lösung zu erhalten für eine Kraft, die an dem gegenüberliegenden Rande angreift. Die Lösung bleibt auch dann noch richtig, wenn alle Kräfte, die auf einen Balken wirken, in eine Wirkungslinie fallen. Sie müssen dann natürlich gleich groß und entgegengesetzt gerichtet sein, da sons das Momen unendlich würde.

Um die Integrale, die die Zusatzspannungen darstellen, zu lösen, wurden wieder die Substitutionen $z = \lambda h$; $t = \frac{x}{h}$ und $\mu = \frac{y}{h}$ durchgeführt. Dann nehmen die Integrale die Form an:

$$\sigma_x' = \frac{b\pi h}{P}\int_0^\infty \frac{(z\,\mathfrak{Cof}\,z - \mathfrak{Sin}\,z)\,\mathfrak{Cof}\,\mu z - \mathfrak{Sin}\,z\cdot\mu z\cdot\mathfrak{Sin}\,\mu z}{\mathfrak{Sin}\,2z + 2z}\cos ztdz$$
$$+\frac{b\pi h}{P}\int_0^\infty\left[\frac{(z\,\mathfrak{Sin}\,z - \mathfrak{Cof}\,z)\,\mathfrak{Sin}\,\mu z - \mathfrak{Cof}\,z\cdot\mu z\cdot\mathfrak{Cof}\,\mu z}{\mathfrak{Sin}\,2z - 2z} + \frac{12\mu}{8z^2}\right]\cos ztdz$$
$$\sigma_y = -\frac{P}{b\pi h}\int_0^\infty \frac{(z\,\mathfrak{Cof}\,z + \mathfrak{Sin}\,z)\,\mathfrak{Cof}\,\mu z - \mathfrak{Sin}\,z\cdot\mu z\cdot\mathfrak{Sin}\,\mu z}{\mathfrak{Sin}\,2z + 2z}\cos ztdz \qquad (10')$$
$$-\frac{P}{b\pi h}\int_0^\infty \frac{(z\,\mathfrak{Sin}\,z + \mathfrak{Cof}\,z)\,\mathfrak{Sin}\,\mu z - \mathfrak{Cof}\,z\cdot\mu z\cdot\mathfrak{Cof}\,\mu z}{\mathfrak{Sin}\,2z - 2z}\cos ztdz$$
$$\tau = \frac{P}{b\pi h}\int_0^\infty \frac{z\,\mathfrak{Cof}\,z\cdot\mathfrak{Sin}\,\mu z - \mathfrak{Sin}\,z\cdot\mu z\cdot\mathfrak{Cof}\,\mu\cdot z}{\mathfrak{Sin}\,2z + 2z}\sin ztdz$$
$$\frac{P}{b\pi h}\int_0^\infty \frac{z\,\mathfrak{Sin}\,z\cdot\mathfrak{Cof}\,\mu z - \mathfrak{Cof}\,z\cdot\mu z\cdot\mathfrak{Sin}\,\mu z}{\mathfrak{Sin}\,2z - 2z}\sin ztdz$$

Die Auswertung dieser Integrale ist durchgeführt für $\mu = 0$, $\mu = \pm\frac{1}{2}$ und $\mu = \pm 1$. Diese Integrale lassen sich auswerten genau wie die früheren, nur für $\mu = +1$, d. h. für den Rand, an dem die Last angreift, muß man mit dem Ausdruck für σ_x' erst eine kleine Umformung vornehmen. Setzt man in beiden Integralen für σ_x', $\mu = +1$, so erhält man:

$$\sigma_x' = -\frac{P}{b\cdot h\pi}\int_0^\infty\left[\frac{\mathfrak{Sin}^2\,2z + 4z^2}{\mathfrak{Sin}^2\,2z - 4z^2} - \frac{3}{2z^2}\right]\cos zt\,dz.$$

Dieses Integral ist unbestimmt, denn für große Werte von z nähert sich der Ausdruck in der eckigen Klammer dem Wert 1. Das Integral wird aber bestimmt, wenn man die Spannung, die am oberen Rand einer Halbebene durch eine Einzellast hervorgerufen wird, in Form eines Fourierschen Integrals darstellt und diesen Ausdruck von dem zu lösenden Integral abzieht. Die Spannungsfunktion für diesen Fall ist bekannt. Sie lautet, wenn die x-Achse ein den oberen Rand der Halbebene und die y-Achse senkrecht hierzu in die Wirkungslinie der Kraft gelegt wird:

$$F = \frac{P}{\pi}\,x\cdot\operatorname{arc\,tg}\frac{x}{y}.$$

Hieraus erhält man:

$$\sigma_x = \frac{P}{b\pi}\frac{2yx^2}{(y^2+x^2)^2}.$$

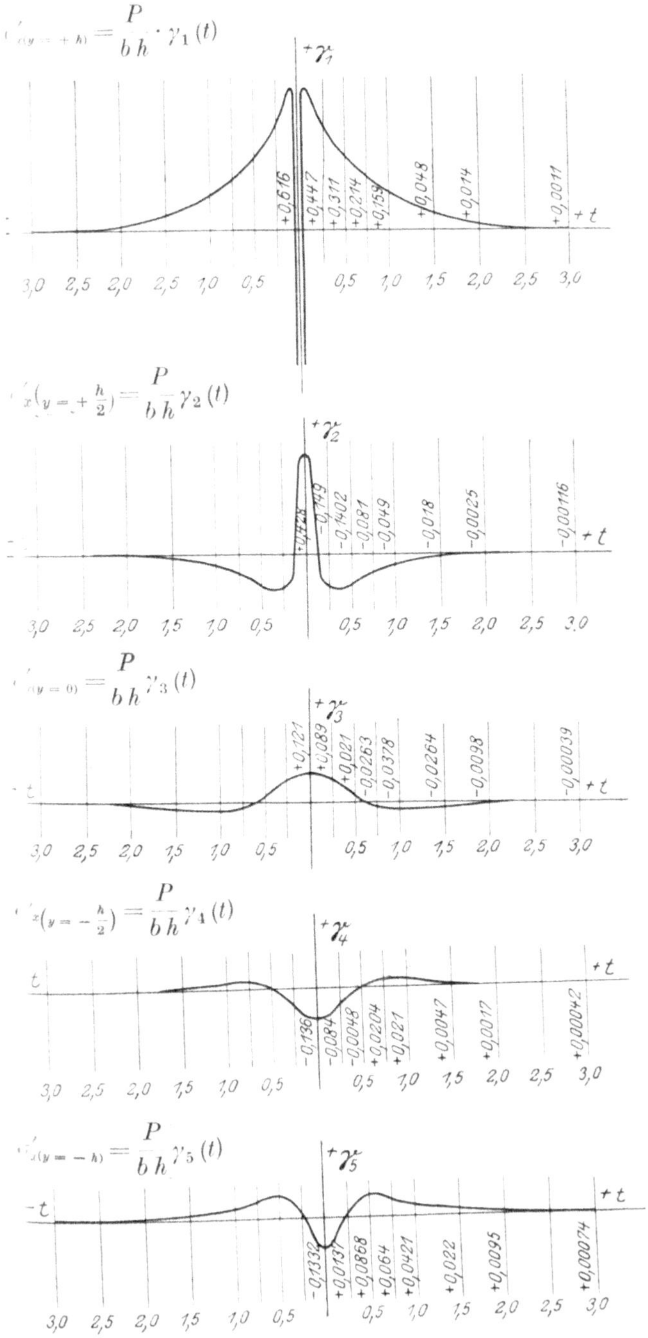

Abb. 4a—e.

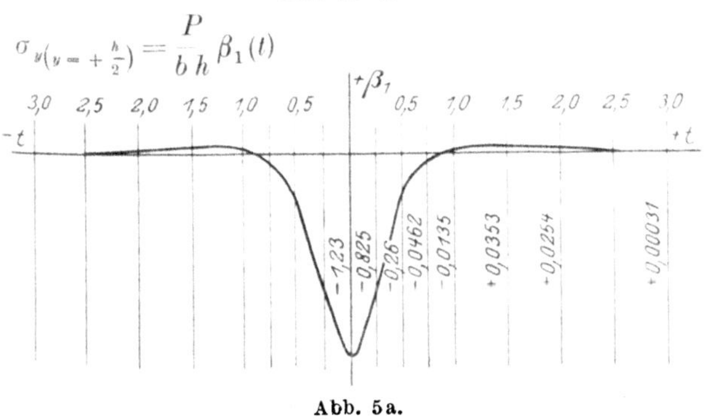

Abb. 5a.

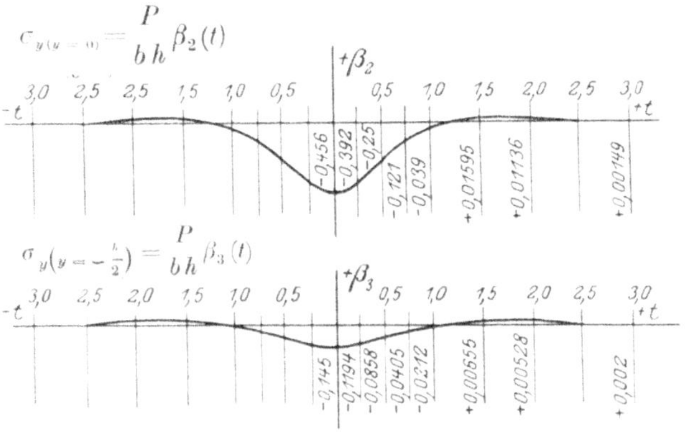

Abb. 5b—c.

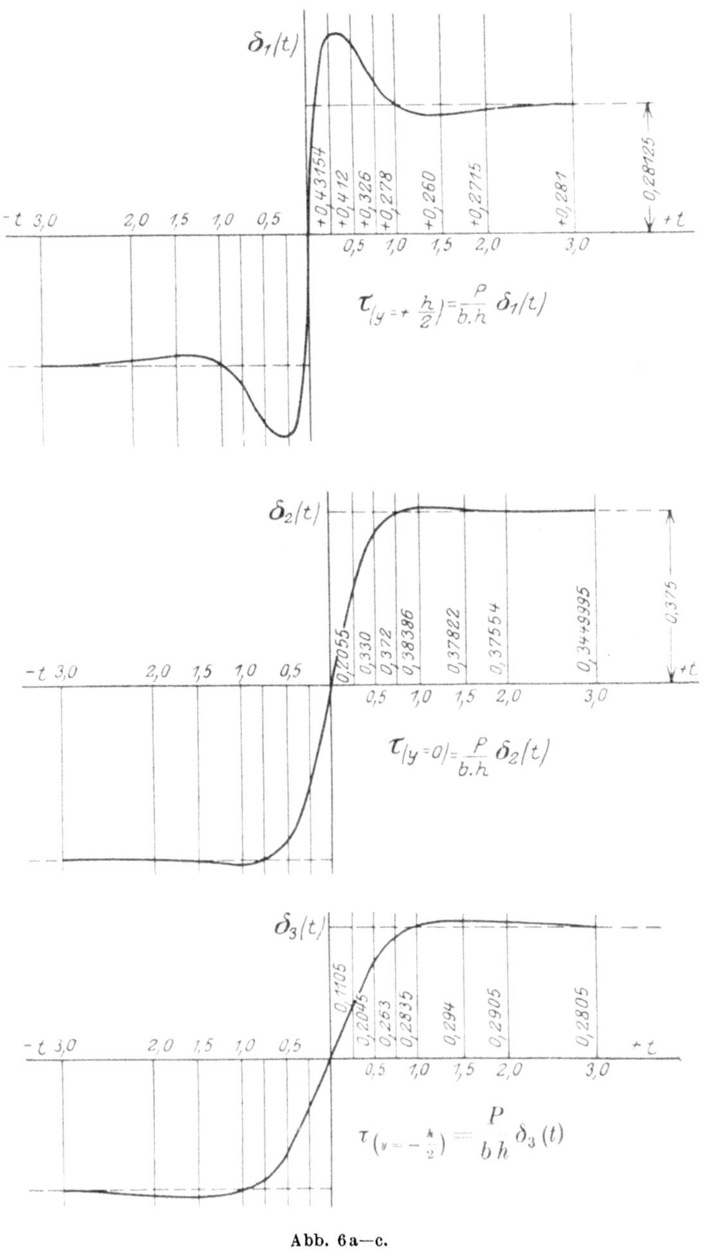

Abb. 6a—c.

Dieser Ausdruck wird dargestellt durch das Fouriersche Integral

$$\sigma_x = \frac{P}{b\pi}\int_0^\infty (1+\lambda y)\, e^{-\lambda y} \cos \lambda x \, d\lambda \, .$$

Die Identität beider Ausdrücke ist durch Ausführung der Integration leicht nachzuweisen. Wir bilden die entsprechenden Ausdrücke für den oberen Rand, d. h. für $\eta = 0$. Wenn wir diesen Wert addieren und subtrahieren, so erhalten wir für das obige Integral den Ausdruck:

$$\sigma_x' = -\frac{P}{b\pi}\frac{2\,yx^2}{(y^2+x^2)_{y=0}} - \frac{P}{b\pi h}\int_0^\infty \left(\frac{8\,z^2}{\mathfrak{Sin}^2\, 2\,z - 4\,z^2} - \frac{3}{2z^2}\right)\cos zt\, dz \, .$$

Nunmehr verhält sich die Funktion unter dem Integralzeichen für große z wie $\frac{\cos zt}{z^2}$. Das Integral ist also bestimmt. Der Ausdruck $\frac{2\,yx^2}{(y^2+x^2)^2}$ hat für den oberen Rand überall den Wert 0, nur für den Punkt $x = 0$ wird er unendlich. Die Ermittlung der Spannungen bietet nunmehr keine Schwierigkeiten mehr. Die Lösung geschah wie früher. Die Ergebnisse sind in Abb. 4 bis 6 aufgetragen.

Diese Zusatzspannungen sind von der Stützweite des Balkens und von den sonstigen Lasten, die außer der betrachteten Last P noch wirken mögen, ganz unabhängig. Die Spannung $\sigma_{x_0} = -\frac{M}{J}\,y$ hingegen wächst proportional mit der Stützweite. Daraus kann man schließen, daß bei kurzen Balken die Zusatzspannungen von größerer Bedeutung sind, während bei langen Balken die Spannung $\sigma_{x\,0}$ so groß wird, daß daneben die Störung durch die Einzellasten keine Rolle mehr spielt.

Mit Hilfe der aufgetragenen Kurven in Abb. 4 bis 6 kann man sich nun für jede beliebige Anordnung von Einzellasten den vollständigen Spannungszustand mit sehr geringer Mühe ermitteln. Man hat nur zu der Spannung $\sigma_{x\,0}$ die durch die Kurven dargestellten Zusatzspannungen zu überlagern.

Um noch ein weiteres Beispiel zur Anwendung der hier gewonnenen Ergebnisse zu geben, soll noch die Verteilung der Schubspannungen über einen Querschnitt eines von Einzellasten belasteten Balkens ermittelt werden. Diese Aufgabe, die vor allem bei kurzen Balken wichtig ist, läßt sich ohne weiteres lösen. Die Ermittlung der Verteilung der Schubspannungen ist hier durchgeführt für den Belastungsfall von Abb. 7. Wird bei einer solchen Lastanordnung $\frac{l}{h}$ sehr klein, so hat man den Fall, der gewöhnlich als Abscherung bezeichnet wird. In Abb. 7a ist das Ergebnis für den Querschnitt, der in der Mitte zwischen beiden Lasten liegt, für verschiedene Verhältnisse $\frac{l}{h}$ aufgetragen. Man sieht daraus, daß die Schubspannungen, wenn die Lasten nahe zusammenrücken, an beiden Rändern sehr groß und in der Mitte sehr klein werden. Je größer der Abstand der Lasten wird, um so mehr nähert sich die Verteilung der Parabelform. Bei einem Verhältnis $\frac{l}{h} = \frac{3}{4}$ ist die parabelförmige Verteilung schon fast erreicht. Von Interesse ist auch die Verteilung der Schubspannungen über einen Querschnitt, der außerhalb der beiden Lasten liegt. Es ist deshalb auch für einen solchen Querschnitt, der in der Entfernung l von einer der Lasten liegt, diese Verteilung ermittelt und in Abb. 7b aufgetragen. Die Summe aller Schubspannungen, die in einem solchen Querschnitt wirken, ist zwar gleich null, jedoch treten auch dort, wie aus Abb. 7b ersichtlich, Schubspannungen von ganz erheblicher Größe auf. Diesen

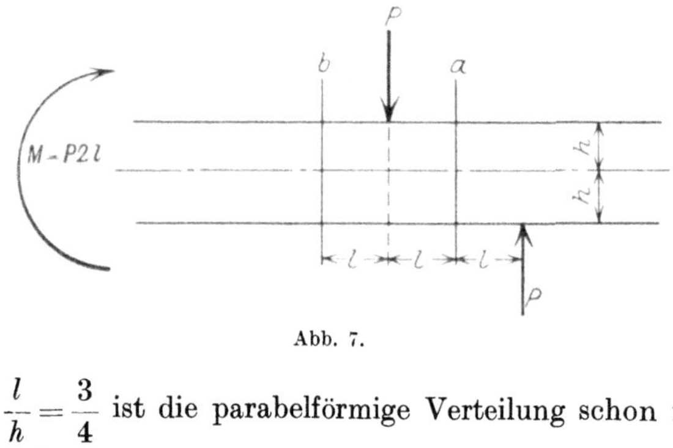

Abb. 7.

Umstand hat man zu berücksichtigen, wenn man durch Überlagerung die Lösung für einen anderen Belastungszustand gewinnen will.

Für viele Fälle ist es von Wichtigkeit, die Richtungen der Hauptspannungen zu kennen. Im Eisenbetonbau z. B. geschieht die Anordnung der Eisen in der Regel so, daß sie möglichst

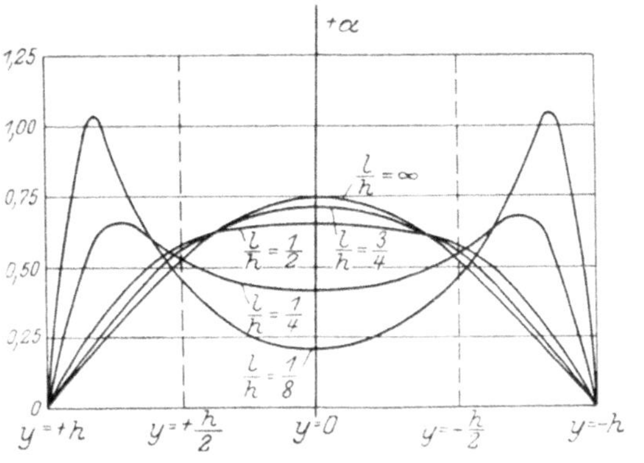

Abb. 7a.

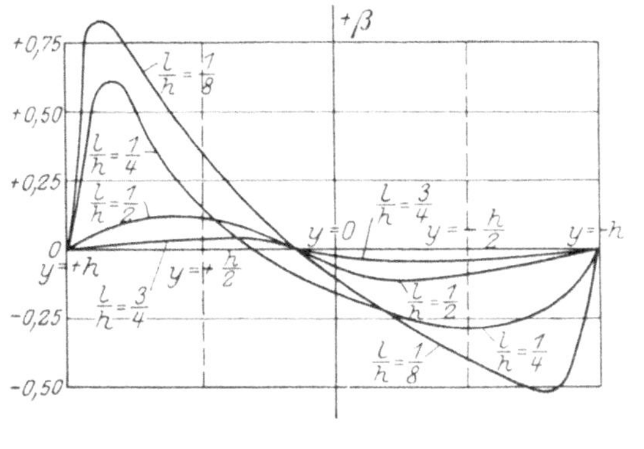

Abb. 7b.

in der Richtung der Hauptspannungen liegen. Auch diese Aufgabe läßt sich auf Grund der gewonnenen Ergebnisse wenigstens näherungsweise lösen. Für $y = 0$ und $y = \pm \frac{h}{2}$ kann man an Hand der Kurven in Abb. 4 bis 6 den vollständigen Spannungszustand und mithin auch die Hauptrichtungen ermitteln. Vom oberen und unteren Rand weiß man ohnehin, daß sie Hauptrichtungen sein müssen, da dort die Schubspannungen null sind. Ein so ermitteltes Richtungsfeld legt die Spannungstrajektorien so weit fest, daß man diese näherungsweise einzeichnen

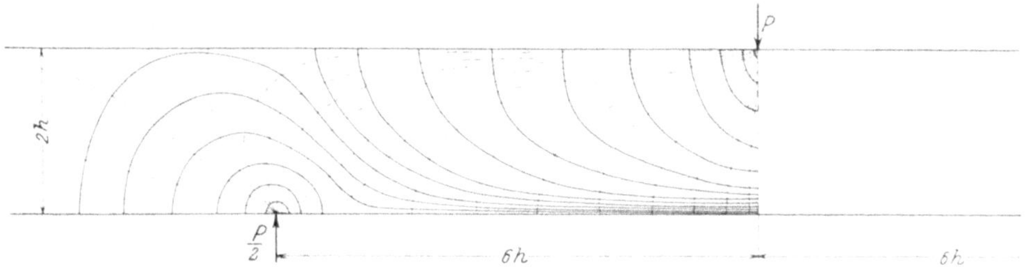

Abb. 8.

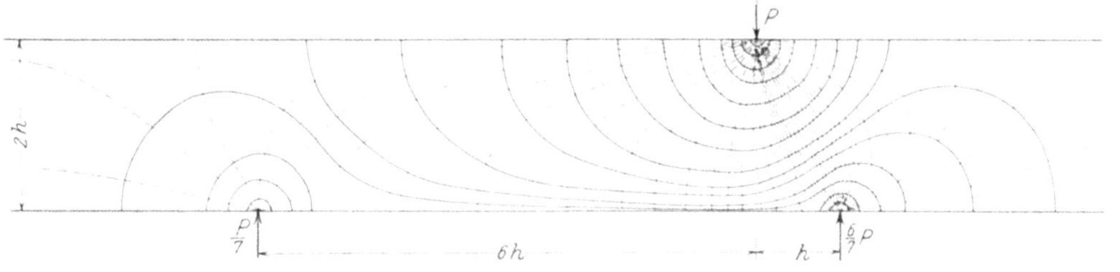

Abb. 9.

kann. Auf diese Weise sind für zwei verschiedene Belastungsfälle die Spannungstrajektorien ermittelt und in Abb. 8 und 9 aufgetragen.

Mit ähnlichen Fragen, wie sie bisher hier behandelt wurden, beschäftigt sich auch eine Arbeit von Herrn Dr.-Ing. Bleich über „Den geraden Stab mit Rechteckquerschnitt", die in der Zeitschrift der Bauing., Jg. 1923, H. 9—11, veröffentlicht ist. Auch in dieser Arbeit ist das Problem mit Hilfe der Spannungsfunktion behandelt, und zwar ist die Spannungsfunktion dort in Form einer Fourierschen Reihe angesetzt. Dieser Ansatz ist an die Voraussetzung gebunden, daß die Belastung, die auf den Streifen wirkt, sich von — ∞ bis + ∞ periodisch wiederholt. Um nun die Lösung für einen Balken von einer endlichen Länge zu erhalten, muß man aus diesem Streifen ein Stück herausschneiden und an den Endquerschnitten die dort herrschenden Spannungen durch Überlagerung beseitigen. Die zu überlagernden Spannungen sind nun aber durchaus von derselben Größenordnung wie die gesuchten Spannungen. Die Überlagerung kann aber nur näherungsweise geschehen. Es ist nicht möglich, wie Herr Dr. Bleich vorschlägt, das hierdurch bedingte Randwertproblem streng zu lösen, dadurch daß man eine neue Spannungsfunktion ansetzt wie die erste und nur die Koordinaten X und Y vertauscht. Auf diese Art erhielte man die Lösung für einen Balken, der eine endliche Länge aber eine unendliche Höhe hat. Einer solchen Lösung ist aber sicherlich eine angenäherte, die die Randbedingungen am oberen und unteren Rande erfüllt, vorzuziehen. Demgegenüber erscheint es als ein Vorteil der hier gegebenen Lösung, daß man die Spannungsfunktion für einen Streifen, der nur in einem endlichen Bereich Lasten trägt sonst aber unbelastet ist, unmittelbar gewinnen kann, ohne daß man Überlagerungen machen muß, die nur angenähert vorgenommen werden können. Weiterhin erscheint es als ein Vorteil der hier benutzten Methode, daß sich sehr leicht die Trennung der Lösung vollziehen läßt, in zwei Teile, von denen der erste Teil in einfachen analytischen Ausdrücken erscheint, und die Lösung darstellt für stetige Belastungen. Durch diesen Teil der Lösung gewinnt man infolge der oben näher erläuterten Übereinstimmung einen Anschluß an die elementare Theorie bzw. die schon bekannten Spannungsfunktionen. Der zweite Teil stellt dann nur noch die Zusatzlösung dar für die Stellen, wo Unstetigkeiten in der Belastung vorhanden sind. Diese Zusatzlösungen haben nun alle die für die praktische Anwendung sehr angenehme Eigenschaft, daß sie ein für allemal ausgerechnet werden können, da sie nur von der Art der Unstetigkeit in der Belastung abhängen, von der sonstigen Anordnung der Belastung aber ganz unabhängig sind. Auf diese Weise gewinnt man ein klares Bild von der Spannungsverteilung. Außerdem scheint diese schrittweise Lösung der Aufgabe für die Genauigkeit der Auswertung von Vorteil.

Beim Vergleich der Ergebnisse zeigen sich einige Abweichungen. Zu den in Abb. 18 der Bleichschen Arbeit aufgetragenen Kurven für σ_x ist folgendes zu bemerken. Für den einen Grenzfall, daß die Belastung zu beiden Seiten des betrachteten Querschnittes in der Mitte des Balkens noch auf eine größere Entfernung konstant bleibt, d. h. daß in der Bleichschen Bezeichnung $\frac{b}{c}$ klein wird, müßte sich die Lösung dem Werte nähern, der für die stetige Belastung gilt. Hierfür is aber $\sigma_x = -\frac{M}{J} y + p\left(\frac{y^3}{2h^3} - \frac{3y}{10h}\right)$. Für diesen Fall unterscheidet sich also die Spannung σ_x am oberen und unteren Rand von dem nach der elementaren Theorie errechneten Wert um den Betrag $\frac{p}{5}$. Für den anderen Grenzfall, daß die Streckenlast sich der konzentrierten Kraft nähert, müßte die Lösung in die hier für Einzellasten ermittelte übergehen. Für den oberen Rand ist ein Vergleich nicht möglich, da die Spannung unendlich wird. Für den unteren Rand aber hat nach dem hier ermittelten Ergebnis die Zusatzspannung immer umgekehrtes Vorzeichen als die Spannung nach der Navierschen Theorie, dort müßte also

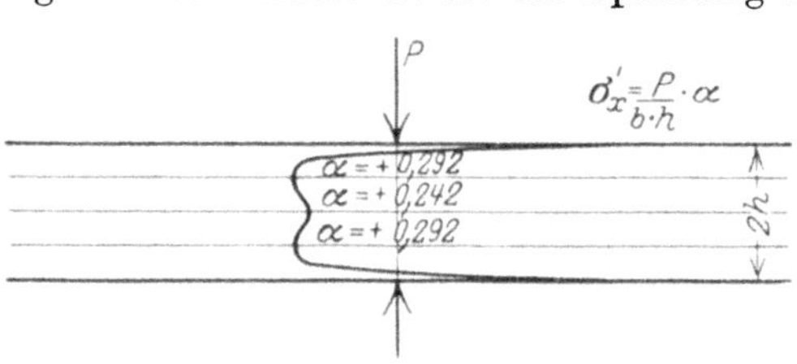

Abb. 10.

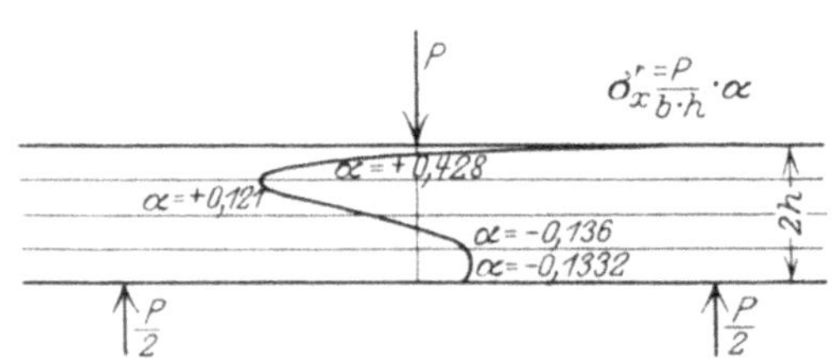

Abb. 11.

die Spannung verringert werden. Für beide Grenzfälle stimmen die Ergebnisse nicht mit den hier ermittelten überein. Auch die Spannungsverteilung über den Querschnitt, die in Abb. 19 der Bleichschen Arbeit wiedergegeben ist, scheint nicht im Einklang mit der hier gegebenen Lösung. Die dort angegebene Spannungsverteilung entspricht wiederum etwa dem Ausdruck $\sigma_x = -\frac{M}{J} y + p\left(\frac{y^3}{2h^3} + \frac{3y}{10h}\right)$ der für stetige Belastung gilt. Ist jedoch die Strecke, auf der die

Last wirkt, klein, dann entstehen im Inneren des Balkens ganz erhebliche Zugspannungen. Die hier ermittelte Verteilung der σ_x über den Querschnitt unter der Last ist in Abb. 10 aufgetragen für den Fall, daß die Stützweite klein ist, oder wie hier gezeichnet, zur Grenze null übergeht. Vergrößert man die Stützweite, so geht diese Verteilung über in diejenige von Abb. 11, die für lange Balken gilt. In beiden Abbildungen sind nur die Zusatzspannungen aufgetragen. Um für den Belastungsfall von Abb. 11 die endgültige Spannungsverteilung zu finden, muß man noch die geradlinig verteilte Spannung $\sigma_{x_0} = -\frac{M}{J} y$ überlagern.

An Hand von Abb. 4 kann man leicht die Verteilung von σ_x über jeden anderen Querschnitt bei beliebiger Stützweite und beliebiger Anordnung von konzentrierten Kräften angeben. Die Schubspannungen, die hier in Abb. 7a angegeben sind, stimmen recht gut mit den von Herrn Dr. Bleich ermittelten überein. Jedoch ist dabei nicht daran gedacht, daß auch in Querschnitten, die nicht zwischen den beiden Lasten liegen, Schubspannungen entstehen. Für kurze Balken, und nur für solche hat die ganze Betrachtung Bedeutung, sind aber diese Schubspannungen, wie aus Abb. 7b ersichtlich, von derselben Größe wie die zuerst betrachteten. Sie können also bei Überlagerungen nicht vernachlässigt werden.

Die Krümmung.

Wir gehen nun dazu über, die Krümmung der Balkenmittellinie zu berechnen. Die Beziehung zwischen Krümmung und Spannungsfunktion ist aus den Formänderungsbedingungen am Balkenelement leicht zu gewinnen. Bei kleinen Deformationen können wir für die Krümmung hinreichend genau setzen:

$$k = \frac{\partial^2 v}{\partial x^2}.$$

Mit den üblichen Bezeichnungen:

E = Elastizitätsmodul,
ε = Dehnung,
G = Gleitmodul,
γ = Winkeländerung,
u = Verschiebung in der X-Richtung,
v = Verschiebung in der Y-Richtung

ist:

$$\gamma = \frac{\partial u}{\partial y} + \frac{\partial v}{\partial x} = \frac{\tau}{G} \tag{I}$$

$$\varepsilon_x = \frac{1}{E}\left(\sigma_x - \frac{1}{m}\sigma_y\right) = \frac{\partial u}{\partial y}. \tag{II}$$

Durch Differentiation dieser beiden Gleichungen erhält man:

$$\frac{\partial^2 v}{\partial x^2} = \frac{1}{G}\tau - \frac{\partial^2 u}{\partial x^2}$$

$$\frac{\partial^2 u}{\partial x^2} = \frac{1}{E}\left(\frac{\partial \sigma_x}{\partial y} - \frac{1}{m}\frac{\partial \sigma_y}{\partial y}\right)$$

und hieraus:

$$k = \frac{\partial^2 v}{\partial x^2} = -\frac{1}{E}\frac{\partial \sigma_x}{\partial y} + \frac{1}{G}\frac{\partial \tau}{\partial x} + \frac{1}{mE}\frac{\partial \sigma_y}{\partial y}. \tag{III}$$

Das erste Glied gibt den Einfluß der Spannungen an, die in der Richtung der Stabachse wirken. Das zweite Glied stellt den Einfluß der Schubspannungen dar, es ist also in Anlehnung an die übliche Bezeichnung als Schubspannungskorrektion zu betrachten. Interessant ist das letzte Glied, das den Einfluß der Querkontraktion angibt. Daß ein solcher Einfluß bestehen muß, kann man leicht einsehen. Ein Balken sei an seinem oberen Rande durch eine Druckkraft belastet. Der Balken wird sich infolge der entstehenden Momente und Querkräfte nach unten durchbiegen. Infolge der Querkontraktion entsteht nun eine Verlängerung der Fasern, die am oberen Rande am größten ist, da dort die Spannungen σ_y am größten sind. Nach unten hin nimmt diese Dehnung ab und ist am unteren Rande gleich null, da dort σ_y gleich null ist. Durch diese einfache Überlegung kann man also schon erkennen, daß infolge der σ_y eine Gegenkrümmung entsteht, welche die durch σ_x und τ_y hervorgerufene Krümmung etwas vermindert. Wenn man in Gleichung (III) die Spannungen durch die entsprechenden Ableitungen von F ersetzt, so ergibt sich:

$$k = -\frac{1}{bG}\frac{\partial^3 F}{\partial x^2 \partial y} - \frac{1}{bE}\frac{\partial^3 F}{\partial y^3} + \frac{1}{mEb}\frac{\partial^3 F}{\partial x^2 \partial y}. \tag{11}$$

Bilden wir die Differentialquotienten der früher aufgestellten Elementarlösung (Gleichung (3), so erhalten wir die Krümmung an einem jeden Punkt des Balkens, hervorgerufen durch ein Moment M an der Stelle $x = 0$. Die so gewonnene Funktion stellt also die Einflußfunktion für die Krümmung dar. Wir wollen uns bei der folgenden Untersuchung beschränken auf die Krümmung der Mittellinie des Balkens. Hierfür ergibt sich, wenn man die in Gleichung (11) vorgeschriebenen Differentiationen ausführt und $Y = 0$ setzt der Ausdruck:

$$\begin{aligned} k = &-\frac{1}{E}\frac{M}{b\pi}\int_0^\infty \frac{\lambda^2 h \operatorname{Sin}\lambda h - 2\lambda \operatorname{Cof}\lambda h}{\operatorname{Sin} 2\lambda h - 2\lambda h}\lambda^2 \cos\lambda x\, d\lambda \\ &+ \frac{1}{G}\frac{M}{b\pi}\int_0^\infty \frac{\lambda^2 h \operatorname{Sin}\lambda h}{\operatorname{Sin} 2\lambda h - 2\lambda h}\lambda^2 \cos\lambda x\, d\lambda \\ &- \frac{1}{mE}\frac{M}{b\pi}\int_0^\infty \frac{\lambda^2 h \operatorname{Sin}\lambda h}{\operatorname{Sin} 2\lambda h - 2\lambda h}\lambda^2 \cos\lambda x\, d\lambda . \end{aligned}$$

Haben wir irgendeine Momentenverteilung $M(\xi)$ zwischen zwei Punkten $\xi = a$ und $\xi = b$, so erhalten wir die Krümmung an irgendeinem Punkte x durch die Gleichung:

$$\begin{aligned} K = &-\frac{1}{Eb\pi}\int_{+a}^{+b} M(\xi)\,d\xi \int_0^\infty \frac{\lambda^2 h \operatorname{Sin}\lambda h - 2\lambda \operatorname{Cof}\lambda h}{\operatorname{Sin} 2\lambda h - 2\lambda h}\lambda^2 \cos\lambda(x-\xi)\, d\lambda \\ &+ \frac{1}{Gb\pi}\int_a^b M(\xi)\,d\xi \int_0^\infty \frac{\lambda^2 h \operatorname{Sin}\lambda h}{\operatorname{Sin} 2\lambda h - 2\lambda h}\lambda^2 \cos\lambda(x-\xi)\, d\lambda \\ &- \frac{1}{mEb\pi}\int_a^b M(\xi)\,d\xi \int_0^\infty \frac{\lambda^2 h \operatorname{Sin}\lambda h}{\operatorname{Sin} 2\lambda h - 2\lambda h}\lambda^2 \cos\lambda(x-\xi)\, d\lambda . \end{aligned} \tag{12}$$

Auch hier nehmen wir wieder an, daß die Momentenkurve stückweise in eine Potenzreihe entwickelt werden kann. Wir betrachten einen Punkt im Inneren eines solchen Bereiches und nehmen wie früher bei den Spannungen, um zu einer Näherungslösung zu gelangen, zunächst an, die Reihe für das Moment wäre nach beiden Seiten noch weithin gültig. Wie bei den Spannungen, so liefern auch hier nur die geraden Differentialquotienten von M einen Beitrag zur Krümmung. Die Ausführung der Integration geschah wieder genau wie früher mit Hilfe des Residuensatzes und lieferte das Ergebnis:

$$\begin{aligned} K = &-\frac{1}{Eb}\left[-\frac{3}{2h^3}M_0 - \frac{3M''}{10h} + \frac{82hM^{\mathrm{IV}}}{2800} + \frac{645h^3}{108000}M^{\mathrm{VI}} + \cdots\right] \\ &+ \frac{1}{Gb}\left[-\frac{3}{4h}M'' - \frac{1\cdot h}{40}M^{\mathrm{IV}} + \frac{17h^3}{5600}M^{\mathrm{VI}} + \cdots\right] \\ &- \frac{1}{mEb}\left[-\frac{3}{4h}M'' - \frac{h}{40}M^{\mathrm{IV}} + \frac{17h^3}{5600}M^{\mathrm{VI}} + \cdots\right]. \end{aligned}$$

Setzt man wieder:

$$\frac{3}{26h^3} = \frac{1}{\frac{86h^3}{12}} = J \text{ und } M'' = -p_1 \cdots$$

so erhält man:

$$\begin{aligned} K = \frac{M}{EJ} &- \frac{1}{E \cdot b} p \cdot \frac{3}{10h} + \frac{1}{Eb} \frac{82h}{2800} \frac{\partial^2 p}{\partial x^2} + \frac{1}{Eb} \frac{645h^3}{108000} \frac{\partial^4 p}{\partial x^4} + \cdots \\ &+ \frac{1}{Gb} \frac{3}{4h} p + \frac{1}{\mathfrak{G}b} \cdot \frac{h}{40} \frac{\partial^2 p}{\partial x^2} - \frac{1}{\mathfrak{G}b} \frac{17 \cdot h^3}{5600} \frac{\partial^4 p}{\partial x^4} + \cdots \\ &- \frac{1}{mEb} \frac{3}{4h} p - \frac{1}{mEb} \cdot \frac{h}{40} \frac{\partial^2 p}{\partial x^2} + \frac{1}{mEb} \frac{17 \cdot h^3}{5600} \frac{\partial^4 p}{\partial x^4} + \cdots \end{aligned} \tag{13}$$

In diesem Augenblick stellt die erste Reihe die Krümmung infolge σ_x dar. Das erste Glied dieser Reihe ist wieder identisch mit der Lösung auf Grund der Navierschen Annahme, während die weiteren Glieder davon herrühren, daß die Spannungsverteilung nicht gradlinig ist. Die zweite Reihe gibt den Einfluß der Schubspannungen an, und zwar das erste Glied für eine parabolische Verteilung. Setzt man in diesem Ausdruck $2bh = F$, so geht er über in $\frac{p}{G \cdot F} \cdot 1{,}5$. Dies ist genau gleich dem von Grashof angegebenen Wert für die Schubspannungskorrektion. Die weiteren Glieder dieser Reihe geben die Wirkung der Schubspannungen an, die nicht parabolisch über den Querschnitt verteilt sind. Die letzte Reihe endlich gibt den Einfluß von σ_y infolge der Querkontraktion, wie oben schon erläutert. Faßt man alle Glieder mit gleichen Ableitungen vermittels der Beziehung $G = \frac{mE}{2(m+1)}$ zusammen, so erhält man für $m = 10/3$:

$$K = \frac{M}{EI} + \frac{p}{G \cdot F} \cdot 1{,}1 + \frac{\partial^2 p}{\partial x^2} \frac{h}{G \cdot b} 0{,}0333 + \frac{\partial^4 p}{\partial x^4} \frac{h^3}{Gb} \cdot 0{,}00328 \cdots \tag{13a}$$

Das zweite Glied dieser Reihe kommt dem Bachschen Wert für die Schubspannungskorrektion sehr nahe. Dieser Wert ist $\frac{p}{\mathfrak{G} \cdot F} \frac{6}{5}$. Aus der obigen Ableitung dieser Größe erkennt man aber, daß es nicht ganz zutreffend ist, sie als Schubspannungskorrektion zu bezeichnen, da auch die Wirkung einer nicht gradlinigen Verteilung von σ_x und der Einfluß von σ_y mit darin enthalten ist. Bis zu diesem Ergebnis ist die Krümmung in der oben erwähnten Arbeit des Herrn von Kármán schon behandelt.

Die Krümmung infolge konzentrierter Lasten.

Wir legen wieder denselben Belastungsfall zugrunde wie oben bei den Spannungen. Ein Balken sei an zwei Stellen unterstützt und an irgendeiner beliebigen Stelle durch eine konzentrierte Kraft belastet. Die Momentenkurve besteht dann aus zwei Zweigen, die sich darstellen lassen durch die Gleichungen

$$M(\xi) = M_0 - M_r' \cdot \xi,$$
$$M(\xi) = M_0 - M_l' \cdot \xi.$$

Hierin bedeuten M_r' und M_l' wieder die Neigungen der beiden Zweige der Momentenkurve. Setzen wir diese Ausdrücke in Gleichung (12) ein, so kann die Integration genau so geschehen wie früher. Bei dem ersten Integral muß wieder die Singularität behoben werden, das geschieht in derselben Weise wie bei den Spannungen. So erhalten wir:

$$\begin{aligned} K = &- \frac{12}{E 8 b h^3} \frac{1}{\pi} \int_{-b}^{+a} M(\xi)\, d\xi \int_0^\infty \frac{1}{\lambda^2} \cos\lambda(x-\xi)\, d\lambda \\ &+ \frac{1}{Eb\pi} \int_0^\infty \left[\frac{\lambda^2 h \operatorname{\mathfrak{Sin}} \lambda h - 2\lambda \operatorname{\mathfrak{Cof}} \lambda h}{\operatorname{\mathfrak{Sin}} 2\lambda h - 2\lambda h} + \frac{12}{8h^3\lambda^2} \right] [P\cos\lambda x - P_r \cos\lambda(x-a) - P_l \cos\lambda(x-b)]\, d\lambda \\ &+ \left(\frac{1}{Gb\pi} - \frac{1}{mEb\pi} \right) \int_0^\infty \frac{h\lambda^2 \operatorname{\mathfrak{Sin}} \lambda h}{\operatorname{\mathfrak{Sin}} 2\lambda h - 2\lambda h} [P\cos\lambda x - P_r \cos\lambda(x-a) - P_l \cos\lambda(x-b)]\, d\lambda. \end{aligned} \tag{14}$$

Das erste dieser Integrale ist aber, wie leicht nachzuweisen, gleich $M(\xi)$ geschrieben in der Form eines Fourierschen Integrals. Dieser Ausdruck stellt also wieder dieselbe Lösung dar, die sich auch nach der elementaren Theorie ergibt. Die übrigen Glieder stellen wieder Zusatzlösungen dar, die nur von einer einzigen Kraft und deren Angriffspunkt abhängig sind. Man kann also auch hier wieder die Krümmung für eine beliebige Anordnung von Einzellasten gewinnen, indem man zu der elementaren Lösung die Zusatzlösung für jede Last P hinzufügt. Die Integrale (14) sind gelöst genau wie die früheren. Die sich daraus ergebende zusätzliche Krümmung K' ist nach Einführung der Beziehung $G = \frac{m \cdot E}{2(m+1)}$ und $m = \frac{10}{3}$ zusammengefaßt und in Abb. 12 aufgetragen. Um einen Einblick zu gewinnen, wie groß diese zusätzliche Krümmung im Vergleich zu der nach der elementaren Theorie ermittelten ist, ist in Abb. 13 die vollständige Krümmung für einen Balken aufgetragen, dessen Spannweite gleich der Höhe ist, und der in der Mitte durch eine Einzellast P belastet ist. Auch hier ist die Zusatzlösung k_1 nur bei sehr kurzen Balken von Bedeutung, da sie für alle Längen denselben Wert hat, während der Ausdruck $k_0 = \frac{M}{EJ}$ sich proportional mit der Länge ändert.

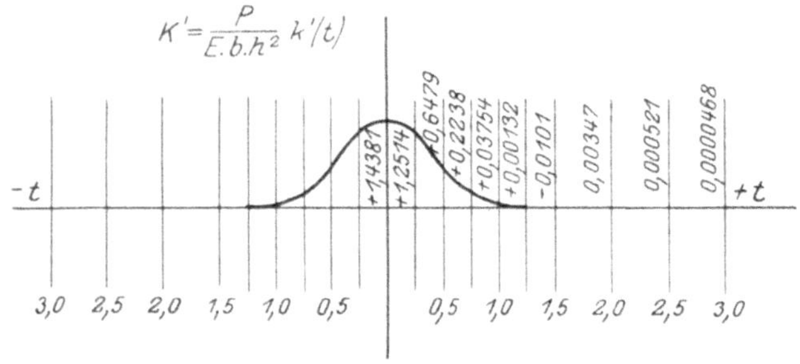

Abb. 12.

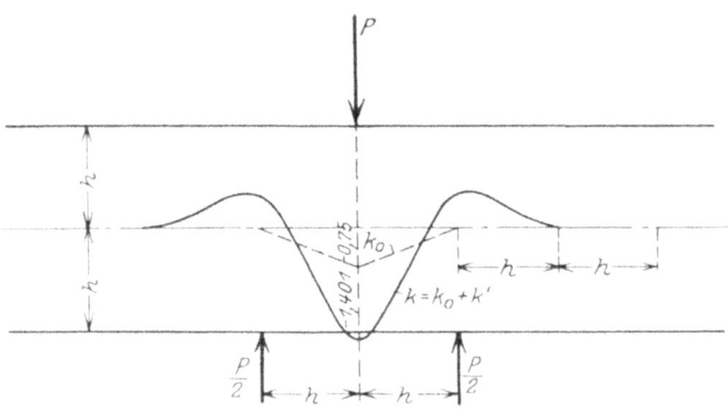

Abb. 13.

Die Biegelinie.

Von Interesse ist nun noch die Biegelinie. Für solche Bereiche, in denen sich die Momentenkurve in eine Reihe entwickeln läßt, erhält man die Gleichung der Biegelinie am einfachsten durch zweimalige Integration von Gleichung (13a). So ergibt sich:

$$U = \frac{\iint M\,dx\,dx}{EJ} + \frac{\iint p\,dx\,dx}{G \cdot F} \cdot 1{,}1 + p \cdot \frac{h}{bG} \cdot 0{,}0333 + \frac{\partial^2 p}{\partial x^2} \frac{h^3}{Gb} \cdot 0{,}00328 + \cdots$$

Die zweimalige Integration von p nach x ergibt aber das Biegungsmoment, und entsprechend liefert die zweimalige Integration von M nach x das statistische Moment der Momentenfläche. Wenn man letzteres mit S_M bezeichnet, so erhält man:

$$U = -\frac{S_M}{EJ} - \frac{M}{GF} \cdot 1{,}1 + p\,\frac{h}{Gb} \cdot 0{,}0333 + \frac{\partial^2 p}{\delta x^2} \frac{h^3}{Gb} \cdot 0{,}00328 + \cdots$$

Das erste Glied dieser Reihe ist identisch mit dem Mohrschen Satz, das zweite ist die sogenannte Schubspannungskorrektion usw.

Die Durchbiegung infolge konzentrierter Lasten.

Wir integrieren Gleichung (14), die die Krümmung infolge von konzentrierten Lasten darstellt, zweimal nach x und erhalten:

$$U = -\frac{\iint M\,dx\,dx}{E\cdot J}$$

$$+\frac{1}{Eb\pi}\iint dx\,dx\int\limits_0^\infty\left[\frac{\lambda^2 h\,\mathfrak{Sin}\,\lambda h - 2\lambda\,\mathfrak{Cof}\,\lambda h}{\mathfrak{Sin}\,2\lambda h - 2\lambda h}+\frac{12}{8h^3\lambda^2}\right][P\cos\lambda x - P_r\cos\lambda(x-a) - P_l\cos\lambda(x+b)]\,d\lambda$$

$$+\left(\frac{1}{Gb\pi}-\frac{1}{mEb\pi}\right)\iint dx\,dx\int\limits_0^\infty\frac{h\lambda^2\,\mathfrak{Sin}\,\lambda h}{\mathfrak{Sin}\,2\lambda h - \lambda h}[P\cos\lambda x - P_r\cos(x-a) - P_l\cos\lambda(x+b)]\,d\lambda.$$

Die erste Integration nach x läßt sich ohne weiteres ausführen. Dabei ergibt sich:

$$U = -\frac{S_M}{EJ}$$

$$+\frac{1}{E\pi b}\int dx\int\limits_0^\infty\left[\frac{\lambda h\,\mathfrak{Sin}\,\lambda h - \mathfrak{Cof}\,\lambda h}{\mathfrak{Sin}\,2\lambda h - 2\lambda h}+\frac{12}{8h^3\lambda^3}\right]\cdot[P\sin\lambda x - P_r\sin\lambda(x-a) - P_l\sin\lambda(x+b)]\,d\lambda$$

$$+\left(\frac{1}{Gb\pi}-\frac{1}{mEb\pi}\right)\int dx\int\limits_0^\infty\frac{\lambda h\,\mathfrak{Sin}\,\lambda h}{\mathfrak{Sin}\,2\lambda h - 2\lambda h}[P\sin\lambda x - P_r\sin\lambda(x-a) - P_l\sin\lambda(x+b)]\,d\lambda.$$

Um aber die zweite Integration nach x ausführen zu können, müssen wir bei allen drei Integralen die Singularität für $\lambda = 0$ beheben. Wir entwickeln $\frac{\partial M}{\partial x}$ in ein Fouriersches Integral und erhalten

$$\frac{\partial M}{\partial x} = -\frac{1}{\pi}\int\limits_0^\infty\frac{1}{\lambda}[P\sin\lambda x - P_r\sin\lambda(x-a) - P_l\sin\lambda(x+b)]\,d\lambda.$$

Diese Identität addieren und subtrahieren wir von jedem der Integrale, nachdem sie vorher mit einem konstanten Faktor multipliziert sind. Dieser Faktor wird so bestimmt, daß die Singularitäten im Nullpunkt verschwinden. Dann kann man die zweite Integration ausführen und erhält:

$$U = -\frac{S_M}{EJ}+\frac{M}{bh}\left(\frac{1}{E}\,\frac{3}{10h}-\frac{1}{G}\cdot\frac{3}{4h}+\frac{1}{mE}\cdot\frac{3}{4h}\right)$$

$$-\frac{1}{E\pi b}\int\limits_0^\infty\left[\frac{\lambda h\,\mathfrak{Sin}\,\lambda h - 2\,\mathfrak{Cof}\,\lambda h}{\lambda(\mathfrak{Sin}\,2\lambda h - 2\lambda h)}+\frac{3}{2h^3\lambda^4}-\frac{3}{10h\lambda^2}\right][P\cos\lambda x - P\cos\lambda(x-a) - P_l\cos\lambda(x+b)]\,d\lambda$$

$$+\left(\frac{1}{mEb\pi}-\frac{1}{Gb\pi}\right)\int\limits_0^\infty\left[\frac{h\,\mathfrak{Sin}\,\lambda h}{\mathfrak{Sin}\,2\lambda h - 2\lambda h}-\frac{3}{4h\lambda^2}\right][P\cos\lambda x - P_r\cos\lambda(x-a) - P_l\cos\lambda(x+b)]\,d\lambda.$$

Die beiden ersten Ausdrücke ergeben wieder denselben Wert, den man auch mit der elementaren Theorie bekommt, sowie die Schubspannungskorrektion. Die beiden Integrale liefern wieder die Zusatzlösung für Punkte in der Nähe der Einzellasten. Auch diese Zusatzlösungen sind so beschaffen, daß man sie für eine Last P ein für allemal ermitteln kann, und daß dann durch Überlagerung für jede beliebige Lastanordnung die Biegelinie gefunden werden kann.

Diese beiden Integrale sind gelöst genau wie die früheren. Beide sind wieder unter Zugrundelegung der Be-

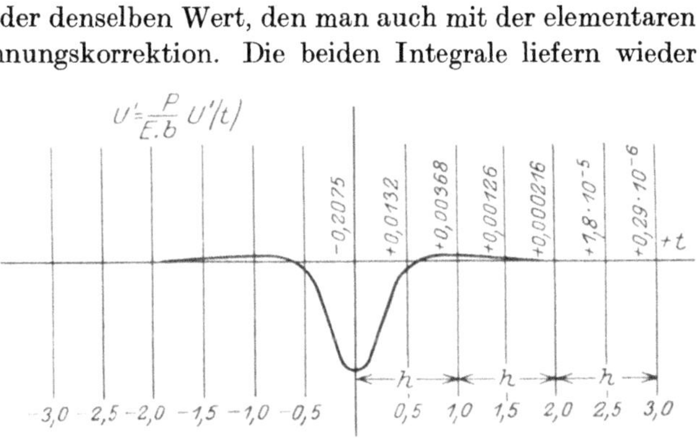

Abb. 14.

ziehung $G = \frac{mE}{2(m+1)}$ und $m = \frac{10}{3}$ zusammengefaßt und in Abb. 14 aufgetragen. Durch Zusammenfügen der einzelnen Teile der Lösung ist dann in Abb. 15 die Durchbiegung für einen Balken aufgetragen, dessen Spannweite gleich der Höhe ist. Dabei zeigt sich, daß man die Durchbiegung etwas zu groß erhält, wenn man mit den beiden ersten Gliedern $U_0 + U_1$ rechnet, ein Ergebnis, das zu erwarten war nach dem, was oben über den Einfluß der Quer-

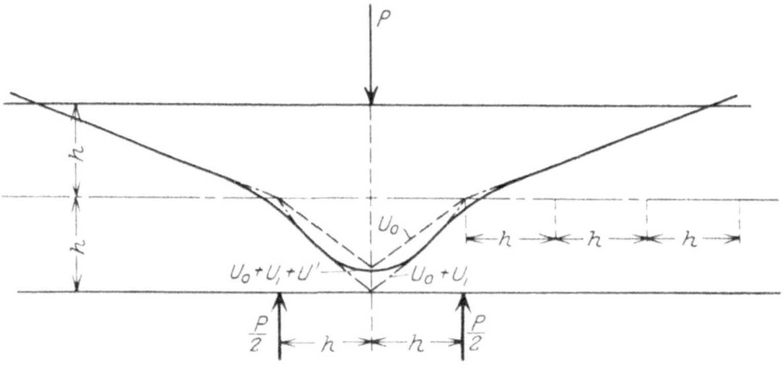

Abb. 15.

kontraktion gesagt ist. Man erkennt jedoch leicht, daß die Schubspannungskorrektion U_1 und noch mehr die Zusatzglieder U' mit wachsendem $\frac{l}{h}$ sehr bald bedeutungslos werden und nur bei ganz kurzen Balken ausschlaggebend sind. Von besonderem Interesse scheint es, daß die hier errechnete Biegelinie nur in der Nähe des Lastangriffs von der elementaren Lösung abweicht, und schon in sehr geringer Entfernung vom Lastangriffspunkt die strenge Lösung in die elementare übergeht.

Randbedingungen an den Endquerschnitten.

Bei allen Ergebnissen ist zu beachten, daß sie streng nur gültig sind, wenn der Balken zu beiden Seiten der Auflager unbelastet bis in Unendliche weiter geht. Wir wollen noch versuchen zu beurteilen, wie groß der Fehler ist, den man begeht, wenn man diese Ergebnisse anwendet auf Balken, die in beliebiger Entfernung vom Auflager abgeschnitten sind. Um die strenge Lösung für einen solchen Fall zu erhalten, müßte man an dem Endquerschnitt die Spannungen, die sich nach der hier angestellten Untersuchung ergeben, durch Überlagerung beseitigen. An sich sind diese zu überlagernden Spannungen nicht sehr bedeutend, auch dann, we n der Schnitt in sehr geringer Entfernung vom Auflager geführt wird. Es wäre aber möglich, daß an einer Stelle, wo schon erhebliche Spannungen wirken, diese durch die überlagerten Spannungen verstärkt werden könnten, und daß so eine nachteilige Wirkung entstehen könnte. Die zu überlagernden Spannungen bilden nun ein Gleichgewichtssystem, haben also kein Moment und keine Resultierende. Von einem solchen Gleichgewichtssystem können wir aber auf Grund der vorliegenden Ergebnisse sofort angeben, wie groß sein Einfluß in irgendeiner beliebigen Entfernung ist. Denken wir uns den Balken etwa unmittelbar neben dem Auflager abgeschnitten, so haben wir ein solches System von Spannungen, deren Größe in jeder Entfernung von dem Schnitt bekannt ist. Machen wir nun die sehr naheliegende Annahme, daß das zu überlagernde System in derselben Weise abklingt wie das bekannte System, so kann man an Hand der Kurven in Abb. 4 bis 6 ohne weiteres ablesen, wie groß der begangene Fehler etwa sein wird. Nimmt man z. B. an, die Entfernung zwischen Endquerschnitt und Auflagerkraft sei gleich der halben Balkenhöhe, so kann man auf diese Art abschätzen, daß die Spannungen in dem Schnitt durch das Auflager sich um etwa ein Prozent ändern würden, wenn die Überlagerung durchgeführt würde. Nach der Balkenmitte zu wird natürlich der Einfluß noch sehr viel geringer. Ein solcher Grad der Genauigkeit kann aber wohl als ausreichend betrachtet werden. Die unvermeidlichen Fehler, die darin begründet sind, daß man gezwungen ist, Annahmen über die Beschaffenheit des Materials und auch über die wirkenden äußeren Kräfte zu machen, sind sicherlich von derselben Größenordnung.

Zusammenfassung.

In vorliegender Arbeit ist zunächst gezeigt, wie man für jede beliebige Belastung geschlossene Formeln für die Spannungen, die Krümmung und die Biegelinie ermitteln kann. Ferner ist für eine Art der unstetigen Belastung, nämlich der Belastung durch konzentrierte Kräfte Spannungszustand und Formänderung untersucht. Es zeigte sich dabei, daß die Lösung sich zusammensetzt aus einem Teil, der identisch ist mit der elementaren Theorie und einem anderen Teil, den man für eine Last P ein für allemal ausrechnen kann, und daß man durch Überlagerung die Lösung erweitern kann für jeden beliebigen Belastungszustand. In derselben Weise wie es hier für die Einzellasten geschehen ist, könnte man auch den Einfluß einer jeden anderen Unstetigkeit in der Belastung etwa eines Sprunges in der Belastungsfläche untersuchen. Zum Schluß ist dann noch der Versuch gemacht, abzuschätzen, wie groß der Fehler ist, der dadurch entsteht, daß die Randbedingungen an den Endquerschnitten nicht befriedigt sind. Danach erscheint die hier gegebene Lösung für fast alle praktischen Fälle hinreichend genau, nur bei dem sehr selten vorkommenden Fall, daß die Balkenlänge klein ist im Vergleich zur Balkenhöhe, ist eine Abweichung von den hier errechneten Ergebnissen zu erwarten.

Stegbeanspruchung hoher Biegungsträger.

Von **Ilse Kober.**

Bei hochbelasteten Biegungsträgern (im Flugzeugbau besonders bei Flügelholmen) soll mit geringem Materialaufwand hohe Festigkeit erreicht werden.

Darum wird der Steg, der die Biegungsbeanspruchung mit schlechtem Wirkungsgrad aufnimmt, stets so dünn wie möglich ausgeführt.

Wenn nicht schon die Bearbeitungsart des Stegmaterials größere Abmessungen bedingt, sind wir gewohnt, die notwendige Mindeststärke des Steges nach den aufzunehmenden Schubkräften zu bestimmen:

$$\tau = \frac{Q \cdot S}{2\,d \cdot J \cdot 2},$$

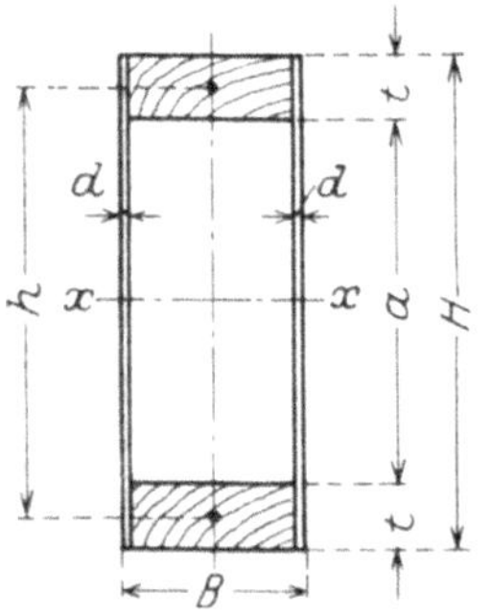

Abb. 1.

wobei

τ die zulässige Schubspannung,
d die Dicke des Steges,
Q die Querkraft,
S das statische Moment des ganzen Querschnitts bezogen auf die X-X-Achse (siehe Abb. 1) und
J das Trägheitsmoment des Querschnitts bedeutet.

Diese Berechnungsart ist für normale Kasten- und I-Träger auch vollständig ausreichend. Erhöhen wir aber den Nutzungsgrad des ganzen Trägers, indem wir die Profilhöhe H immer größer und die Stegdicke d immer kleiner wählen, so gelangen wir bald zu der Grenze, von der an eine andere Beanspruchung für den Steg gefährlicher wird als die durch die Schubkräfte. Es ist das die Knickbeanspruchung, die durch eine Kraft hervorgerufen wird, welche wir Radialkraft nennen wollen.

Folgende Arbeit soll in einfacher Weise die Radialkraft, ihre Ursache und Berechnungsmöglichkeit darlegen.

Es sei vorweg bemerkt, daß die hier behandelte Radialkraft nur in Betracht kommt erstens

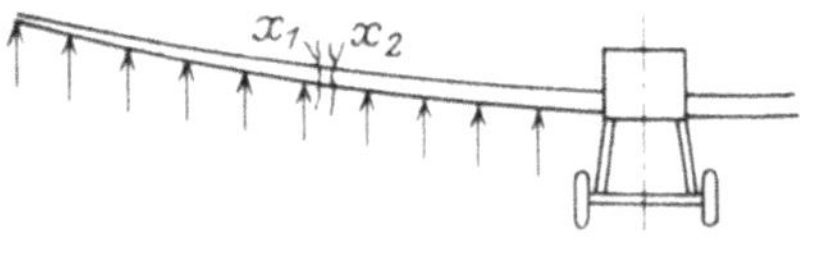

Abb. 2.

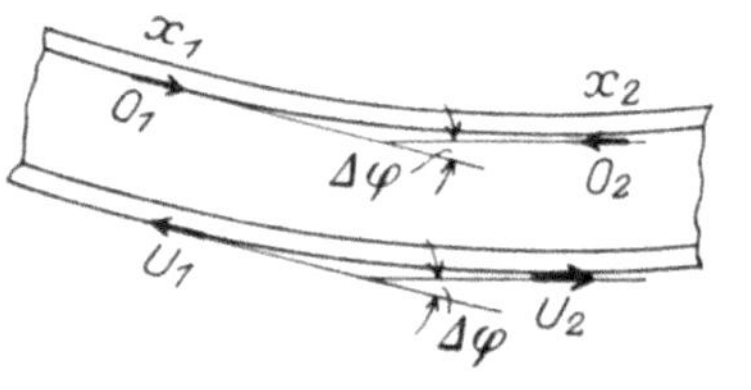

Abb. 3.

bei Trägern, die unter ihrer Belastung nennenswerte Durchbiegungen erfahren und zweitens bei gebogenen Trägern.

Betrachten wir also nun einen unter seiner Last sich durchbiegenden Träger, z. B. einen auf Biegung belasteten Flugzeugholm (siehe Abb. 2). An einer beliebigen Stelle schneiden wir ein Holmstück $X_1 X_2$ heraus (siehe Abb. 3). Die oberen Längskräfte setzen sich zu dem Kräftezug $O_1 O_2$ zusammen, ebenso die unteren zu dem Kräftezug $U_1 U_2$ (siehe Abb. 4).

Das Gleichgewicht der Kräfte erfordert das Mitwirken einer weiteren Kraft R_0 bzw. R_u, der Radialkraft. Wir ersehen aus Abb. 4: R_0 ist gleich groß und entgegengesetzt gerichtet R_u.

Die Größe dieser Kräfte ist abhängig:

1. von der Größe der jeweiligen Längskräfte[1]),
2. von der jeweiligen Winkeländerung der elastischen Linie.

Die erwähnte Winkeländerung Δf ist gleich dem Winkel Δf, den die Krümmungsradien $\varrho_1 \varrho_2$ einschließen[2]) (Abb. 5). Die Sehne $X_1 X_2$ wollen wir mit a bezeichnen.

Nun ist das Dreieck $\varrho_1 \varrho_2 a$ ähnlich den Kräftedreiecken $O_1 O_2 R_0$ und $U_1 U_2 R_n$ und das Verhältnis

$$\frac{\text{Längskraft } O_1}{\text{Radialkraft } R_0} = \frac{(\text{bzw. Längskraft } U_1)}{(\text{bzw. Radialkraft } R_n)} = \frac{\varrho_1}{a}. \tag{1}$$

Setzen wir nun die beliebige Strecke $a = 1$, so erhalten wir aus Gleichung (1) die Radialkraft R_x, die als Knickkraft an einer beliebigen Stelle X auf den Steg von der Länge 1 wirkt:

$$R_x = \frac{1 \cdot \text{Längskräft}}{\varrho_x}. \tag{2}$$

Die Längskraft an der beliebigen Stelle X ist

$$O_x = U_x = \frac{M_x}{h_x}; \tag{3}$$

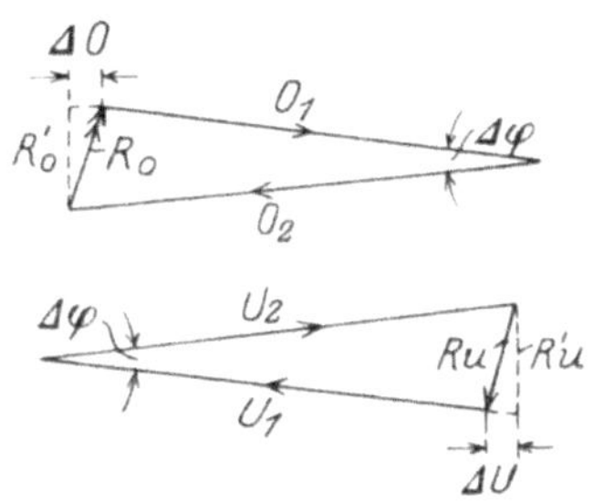

Abb. 4.

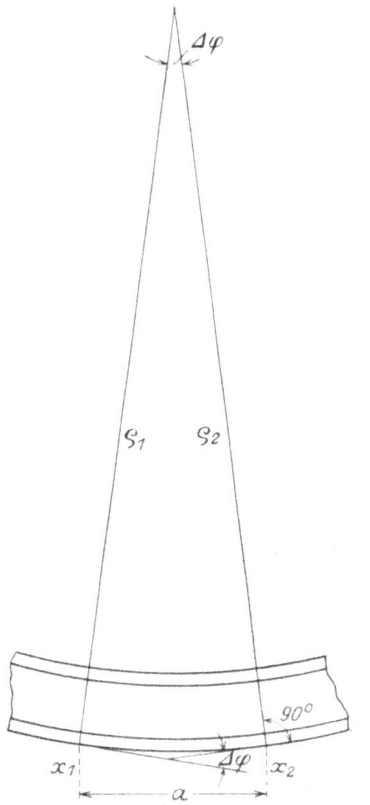

Abb. 5.

wenn M_x das Biegungsmoment an der Stelle X und h_x den Abstand der Gurtschwerpunkte bedeutet. Ferner ist die Krümmungsradius ϱ_x an der beliebigen Stelle X

$$\varrho_x = \frac{E \cdot J_x}{M_x}, \tag{4}$$

[1]) Die in 1. erwähnten Längskräfte ändern sich entlang dem Träger gemäß der Momentenänderung. Daher ist z. B. in unserem Falle

$$O_2 > O_1$$

und

$$U_2 > U_1.$$

Dadurch werden die Kraftdreiecke $O_1 O_2 R_0$ und $U_1 U_2 R_u$ nicht gleichschenklig, sondern sie weichen davon um die Differenz der beiden Längskräfte um die Strecke ΔO bzw. ΔU ab.

Nun sind aber ΔO und ΔU die Scherkräfte. Sie werden in der Scherkraftrechnung behandelt und wir brauchen sie hier nicht zu berücksichtigen. Wir nehmen im folgenden der Einfachheit halber an, es seien die Längskräfte

$$O_1 = O_2$$

und

$$U_1 = U_2,$$

also die Kräftedreieke $O_1 O_2 R_0$ und $U_1 U_2 R_u$ gleichschenklig, wie es ja z. B. auch im Fall der reinen Biegung wirklich zutrifft.

[2]) Wieder wird der Einfachheit halber der Fall der reinen Biegung, also $\varrho_1 = \varrho_2$ angenommen.

wobei E die Elastizitätszahl und J_x das Trägheitsmoment des Trägers an der Stelle X sei. Setzen wir (3) und (4) in (2) ein, so erhalten wir

$$R = \frac{M_x^2}{h_x \cdot E \cdot J_x}. \tag{5}$$

R_x ist also unsere gesuchte Radialkraft.

Es ist also klar, daß die Radialkraft nichts mit den Scherkräften zu tun hat. Die Radialkraft ist nur von der Durchbiegung abhängig und wirkt als Knickkraft und nicht als Scherkraft auf den Steg.

Im Falle reiner Biegung, d. h. wenn auf den Träger nur ein Moment wirkt, ist die Krümmung auf der ganzen Länge des Trägers konstant, ebenso die Radialkraft. Die Scherkräfte dagegen werden im Falle reiner Biegung zu null. —

Die Naviersche Biegungstheorie läßt die Radialkraft unerwähnt, sie geht von der Voraussetzung aus:

„Die Fasern, aus denen man sich den Biegungsstab zusammengesetzt denken kann, wirken nicht aufeinander ein."

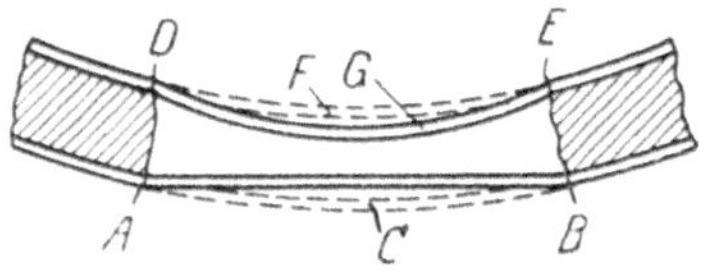

Abb. 6.

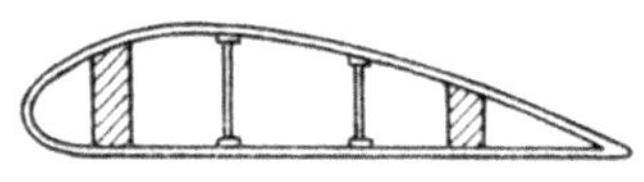

Abb. 8.

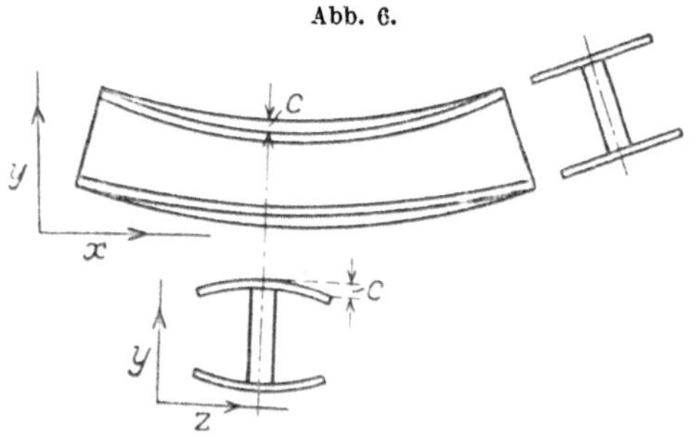

Abb. 7.

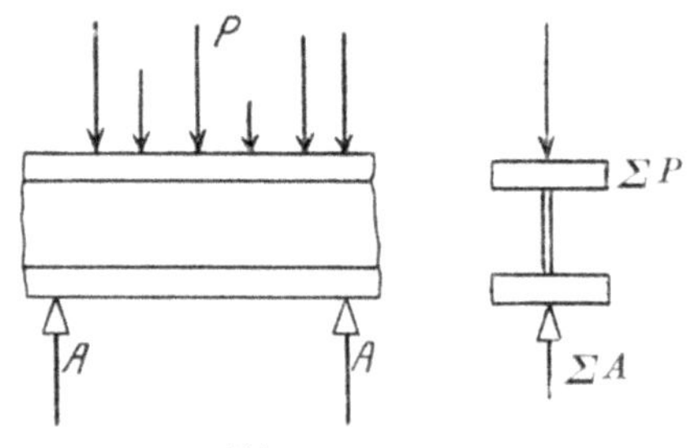

Abb. 9a und b.

Diese Annahme ist dann berechtigt, wenn die Deformation des Trägers sehr gering ist. Aber es soll später an Hand von Zahlenbeispielen gezeigt werden, daß bei stärker gekrümmten Trägern die erwähnte Radialkraft eine nicht zu unterschätzende Rolle spielt.

Abb. 6 führt uns sehr deutlich vor Augen, daß der Steg die Radialkraft aufzunehmen hat. Wäre kein Steg vorhanden, so könnten die Fasern ACB des Zuggurtes sich gerade richten. Umgekehrt könnten die gedrückten Fasern DFE des Druckgurts der Druckbeanspruchung ausweichen, indem sie nach dem Bogen DGE ausknicken würden. Aus dieser Überlegung ergibt sich die Aufgabe des Steges, den Abstand der beiden Gurte aufrecht zu erhalten. Oder mit anderen Worten: der Steg muß die Radialkraft aufnehmen.

Natürlich wirkt die Radialkraft nicht nur auf den Steg, sondern auch auf die Gurte ein. Dies soll uns ein Biegungsträger veranschaulichen, bei dem die Gurte sehr breit und flach gehalten sind (siehe Abb. 7). Dem breiten Steg wird die Radialkraft nicht gefährlich. Aber sobald sich der Träger unter seiner Belastung durchbiegt, erfahren die Gurte eine Längenänderung, der sie auszuweichen suchen, indem sie sich um das Stück c nach innen ausbiegen, wie es Abb. 7 andeutet. Wie groß diese Ausbiegung der Gurte in der y-z-Ebene sein wird, kann nach dem Satz vom Minimum der Formänderungsarbeit berechnet werden.

In diesem Sinne müssen z. B. beplankte Flügel untersucht werden. Soll die Beplankung mittragen, so muß sie durch Rippen und Hilfsholme genügend abgesteift werden (s. Abb. 8). Andernfalls wird sich die Beplankung unter dem Einfluß der Radialkraft einbeulen und die Normalspannungen nur sehr ungenügend aufnehmen. —

Bisher haben wir versucht, die Radialkraft, ihre Ursachen und Wirkungsweisen kurz darzustellen und wir sahen, daß sie für die Dimensionierung des Steges ausschlaggebend werden kann. Hieran anschließend soll noch auf eine weitere Beanspruchung der Stege hingewiesen werden, die sich in vielen Fällen zur Beanspruchung durch die Radialkraft addiert, so daß wir den Steg nach der Summe dieser beiden Kräfte zu dimensionieren haben.

Betrachten wir einen Biegungsträger, wie Abb. 9 ihn zeigt. Das Trägheitsmoment J des Trägers sei so groß und die Lagerentfernung so klein gewählt, daß die Durchbiegung und damit die Radialkraft fast zu null wird.

Obgleich wir also diesmal die Stegbeanspruchung durch die Radialkraft vernachlässigen können, ist doch für große Lasten eine gewisse Stegsteifigkeit erforderlich.

Aus Abb. 9 ersehen wir, daß der Steg als knicksteife Wand die ganze Belastung ΣB des Trägers aufzunehmen und nach den Lagepunkten zu übertragen hat.

Die auf den Steg wirkenden Druckkräfte, die auf diese Weise direkt von den Belastungen hervorgerufen werden, wollen wir im folgenden, zum Unterschied von der, durch die Durchbiegung verursachten Radialkraft, mit Lastdruckkraft L bezeichnen.

Wir setzen also:

$$\Sigma \text{ Lastdruckkraft } L = \Sigma \text{ Belastung } P = \Sigma \text{ Auflagedruck } A .$$

Die Lastdruckkräfte beanspruchen von den verschiedenen Angriffspunkten der Lasten (bzw. Auflager) aus den Steg, und es ist nun zu ermitteln, wie die Spannungen sich im Steg verteilen.

Es ist klar, daß die Spannungsverteilung abhängig ist

1. von der Lastverteilung über den Biegungsträger,
2. von der Steifigkeit der Gurte,
3. von der Steifigkeit des ganzen Trägers,
4. von der Gestalt des Steges (ob er rechtwinklig homogen oder fachwerkartig ausgebildet ist).

Für die verschiedenen Möglichkeiten einer Trägerausführung und Lastverteilung erhalten wir immer wieder andere Bilder der Spannungsverteilung.

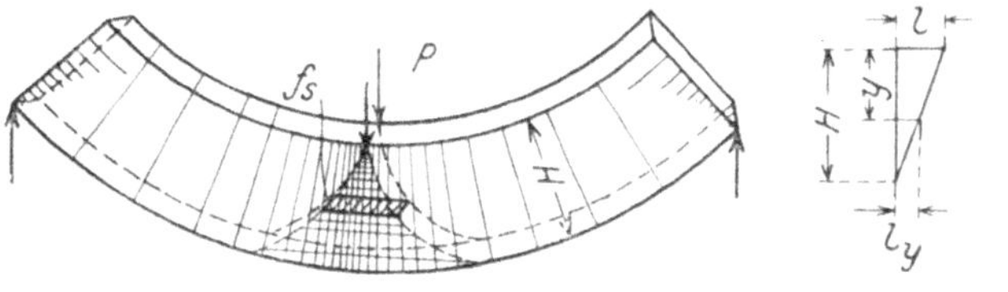

Abb. 10a und b.

Hier sei nur ein ganz einfaches Beispiel herausgegriffen und schematisch dargestellt[1]).

Wir betrachten einen Träger auf zwei Stützen mit Mittellast. Der Steg sei aus homogenem Material und habe rechteckigen Querschnitt. Der Einfluß der Gurtsteifigkeit soll gering sein und darum vernachlässigt werden.

Der Druck, der vom Lastangriffspunkt ausgeht, wird sich in diesem Falle in erster Annäherung pyramidenförmig verteilen (siehe Abb. 10a).

Ein horizontaler Schnitt durch die so entstandene Druckpyramide ergebe die Fläche f_s. Der Druck, den diese Fläche f_s aufzunehmen hat, verteilt sich nun keineswegs gleichmäßig über die Fläche, sondern er ist in der Mitte am stärksten und nimmt nach außen hin ab, wo die Pyramide ja auch gar nicht scharf gegen die weitere Fortsetzung des Steges hin begrenzt ist. Die Größe des Gesamtdruckes, den die Fläche f_s aufzunehmen hat, entspricht der Strecke l_y in Abb. 10b, wenn dort die Strecke l die Last P in kg darstellt und y die Entfernung des Schnittes f_s vom Lastangriffspunkt bedeutet.

Zu diesem Druck l_y addiert sich dann noch der vom Ober- bis zum Untergurt fast vollständig konstant bleibende Druck der Radialkraft.

Wir ersehen aus Abb. 10a, daß für eine solche Belastungsart der größte spezifische Druck unter der Mittellast P auftritt.

In den meisten Fällen wird nun aber die Gefahr, daß der Steg ausknickt, weit größer sein

[1]) Soll für irgendeine Konstruktion die Spannungsverteilung genau ermittelt werden, so findet man einen Anhalt für den Rechnungsgang in einer Arbeit von Professor Dr. Sommerfeld in der Zeitschr. f. Mathem. u. Physik, 1907, die das Ausknicken des Steges für den Sonderfall: — die Last greift senkrecht über dem Auflager an — ausführlich behandelt. Desgleichen in der Dissertation von Dipl.-Ing. Seewald: Die Ermittlung von Spannungen und Formänderungen von Trägern mit rechteckigem Querschnitt mit Hilfe von Einflußfunktionen. Aachen 1924.

als die, daß er vom reinen Druck zerstört würde. Wir wenden darum unsre Aufmerksamkeit nicht so sehr der Stelle des höchsten spezifischen Drucks, also der Randfaser, als vielmehr den mittleren Fasern des Steges zu, die für die Knickgefahr in Frage kommen.

Ein stellenweises Ausknicken oder Ausbeulen im stärkst beanspruchten Teil ist bei dünnwandigen Stegen sehr leicht möglich. Es ist daher ratsam, sich bei der Dimensionierung des Steges nicht auf das Mitwirken der benachbarten weniger beanspruchten Stegteile zu verlassen.

Handelt es sich nun um eine nur überschlägliche Berechnung der Knicksteifigkeit des Steges (und mehr wird selten erforderlich sein), so kann man in folgender Weise vorgehen:

Man denke sich aus dem Träger ein Stück von der Breite b herausgeschnitten. Ist der Träger durch die gleichmäßig verteilte Last p belastet, so wirken auf diesen Stegstreifen als Knickkräfte:

1. Die Radialkraft $R \cdot b$,
2. die Lastdruckkraft $p \cdot b \cdot c$,

wobei c einen Koeffizienten darstellt, den man infolge der Abnahme der Lastdruckkraft in der Richtung senkrecht zum Träger (siehe Abb. 10b) benötigt. Denn man muß ja, wie gesagt, für das Ausknicken des Steges die in der Nähe der Stegmitte wirkenden Kräfte erfassen. Die Kraftabnahme berücksichtigt man durch den Faktor $c = 0{,}6$ oder $0{,}7$.

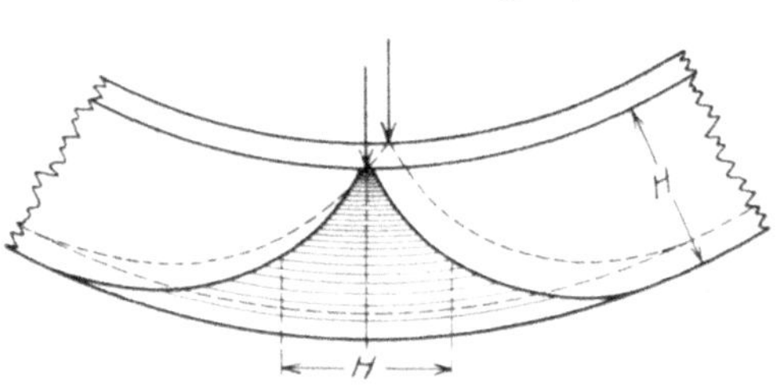

Abb. 11.

Wird der Träger nicht durch gleichmäßig verteilte Last, sondern durch Einzellasten (bzw. durch Auflagedrücke) beansprucht, so denke man sich an solch einer Stelle einen Stegstreifen von der Länge $l = H$ herausgeschnitten, dessen Mittellinie durch den Angriffspunkt der Belastung gehen möge (siehe Abb. 11). Dieses Stegstück erhält nun die Knickkraft

$$R \cdot H + P \cdot c,$$

wenn R die an dieser Stelle auf den Stegstreifen von der Länge 1 wirkende Radialkraft, P die in Frage kommende Einzellast und c den oben erwähnten Koeffizienten bedeutet[1]).

Die für diese Knickkraft erforderliche Steifigkeit des Steges kann man nun entweder erreichen, indem man den Steg entsprechend dick ausbildet oder indem man an den gefährlichen Stellen Rippen (Steifen oder Stehbleche) einzieht, wie das auch im Hochbau üblich ist.

Die folgenden Beispiele mögen dazu dienen, noch einmal die Zusammensetzung der den Steg beanspruchenden Knickkräfte zu veranschaulichen.

1. Beispiel. Ein Träger auf zwei Stützen mit einer Last in der Mitte (siehe Abb. 12a).

In Abb. 12b ist die in diesem Träger auftretende Radialkraft dargestellt. Der Flächeninhalt eines Streifens von der Breite Δx soll die Radialkraft angeben, die auf einen Stegstreifen von der Breite Δx an dem entsprechenden Punkte X wirkt.

Ebenso sollen die Flächen l_p und l_a in Abb. 12c die im Träger auftretenden Lastdruckkräfte darstellen.

Wir erhalten daher als Gesamtbeanspruchung des Steges die in Abb. 12d gezeichnete Kraftfläche K, die nichts anderes ist als die Summe von l_a, l_p und r.

2. Beispiel. In Abb. 13a ist ein Biegungsträger dargestellt, bei dem die Last P am Zuggurt angreift. Die Lastdruckfläche l_p (Abb. 13c) stellt in diesem Falle eine Zugbeanspruchung des Steges dar. Bei der Gesamtbeanspruchungsfläche (Abb. 13d) muß natürlich die Zugfläche l_p von der Radialkraftfläche r abgezogen werden, und nur die Druckflächen l_a werden zu r addiert.

Die zu Anfang aufgestellte Behauptung, daß bei besonders hoch beanspruchten Biegungsträgern die Knickkräfte (Radialkraft + Lastdruckkraft), die auf den Steg wirken, bei dessen Dimensionierung ausschlaggebend sein können, sei nun an Hand von einigen Rechnungsbeispielen bewiesen.

---

[1]) Die Annahme, daß sich die in einem Punkt angreifende Last bis zur Stegmitte (wo die Knickgefahr in Frage kommt) über eine Länge $l = H$ verteilt, erscheint uns in Anlehnung an die vorhin erwähnte Sommerfeldsche Arbeit berechtigt. Auf jeden Fall wird unter Zugrundelegung dieser Annahme nicht zu schwach dimensioniert.

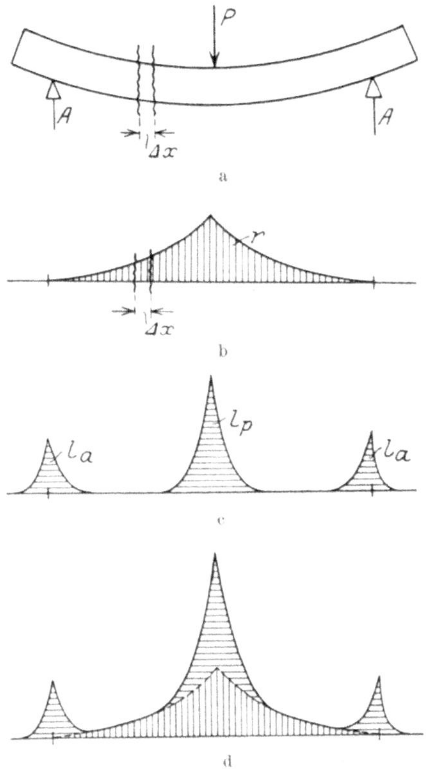

Abb. 12a—d.

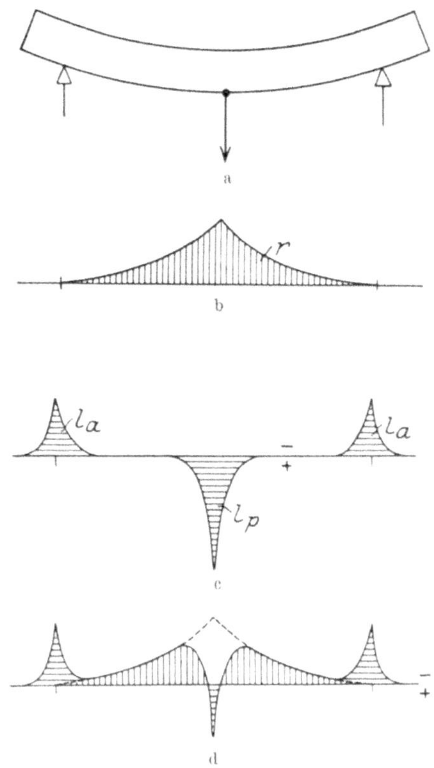

Abb. 13a—d.

Rechnungsbeispiel 1. Berechnung eines Flugzeugholmes.

An einer beliebigen Stelle X sollen für den freitragenden Holm (Abb. 2) berechnet werden:

1. die Längskraft und die für sie notwendige Holmgurtenstärke;
2. die Scherkräfte und die für sie notwendige Stegstärke;
3. die im Steg auftretenden Knickkräfte, Radialkraft und Lastdruckkraft, und die für sie erforderliche Stegstärke.

Es bedeuten:

$l = 600$ cm die Länge des überkragenden Holmendes,
$P = 1000$ kg die Bruchlast für das überkragende Ende des Holmes. Diese Last wird als gleichmäßig verteilt angenommen,
$Q = 1000$ kg die Querkraft an der Stelle X (oder mit andere nWorten: die Summen der Flügelbelastung von X an bis zur Außenkante des Flügels),
$H = 40$ cm die Holmhöhe an der Stelle X,
$B = 6$ cm die Holmbreite an der Stelle X.

Die Festigkeitswerte des Holzes seien:

$K_b = 800\ \mathrm{kg/cm^2}$ (von gesonderter Zug- und Druckgurtberechnung wird abgesehen, da diese auf den Steg keinen Einfluß hat),
$K_s = 300\ \mathrm{kg/cm^2}$,
$E = 90000\ \mathrm{kg/cm^2}$.

Ferner bezeichne:

M das Biegungsmoment an der Stelle X,
J das Trägheitsmoment an der Stelle X,
W das Widerstandsmoment an der Stelle X,
S das statische Moment des Querschnitts, bezogen auf die neutrale Achse an der Stelle X,
t die Gurtstärke an der Stelle X,
$a = H - 2t$ die Steghöhe an der Stelle X,
$h = H - t$ die Entfernung der Gurtschwerpunkte an der Stelle X,
d_s die Stegstärke an der Stelle X, die zur Aufnahme der Scherkräfte erforderlich ist,
d_k die Stegstärke an der Stelle X, die zur Aufnahme der Knickkräfte (der Radialkraft und der Lastdruckkraft) erforderlich ist,
X_s die horizontale Scherkraft in der neutralen Achse an der Stelle X.

1. Holmgurte.

$$M = \frac{P \cdot l}{2} = \frac{1000 \cdot 600}{2} = 300\,000 \text{ cmkg}$$

$$W_{\text{erf}} = \frac{M}{K_b} = \frac{300000}{800} = 375 \text{ cm}^3$$

$$W = \frac{B}{6H} \cdot (H^3 - a^3) = \frac{6}{6 \cdot 40} \cdot (40^3 - a^2) = 375 \text{ cm}^3$$

daraus

$$a = 36{,}6 \text{ cm}$$

$$t = 1{,}7 \text{ cm}.$$

Das Widerstandsmoment des Steges wird vernachlässigt, da es im Vergleich zu dem der Gurte sehr klein ist.

2. Scherkräfte und Stegstärke d_s.

Wir berechnen die horizontale Scherkraft, die an der Stelle X ein 1 cm breiter Stegstreifen aufzunehmen hat. Die Scherkraft ist in der neutralen Achse am größten. Sie läßt sich dort nach der Formel berechnen:

$$X_s = \frac{Q \cdot \Delta l \cdot S}{2J}.$$

Nach der Dimensionierung von 1. ist:

$$J = W \cdot \frac{H}{2} = 375 \cdot \frac{40}{2} = 7500 \text{ cm}^4,$$

und

$$S = B \cdot t \cdot h = 6 \cdot 1{,}7 \cdot (40 - 1{,}7) = 390 \text{ cm}^3.$$

(J und S des Steges wird auch hier vernachlässigt.)

Setzen wir diese Werte in die obige Gleichung ein und nehmen $\Delta l = 1$ cm, so erhalten wir die Scherkraft, die auf einen 1 cm breiten Holmstreifen in der neutralen Achse wirkt zu:

$$X_s = \frac{1000 \cdot 1 \cdot 390}{2 \cdot 7500} = 26 \text{ kg}.$$

Die hierfür erforderliche Stegdicke ist:

$$2 \cdot d_s = \frac{X_s}{\Delta l \cdot K_s} = \frac{26}{1 \cdot 300} = 0{,}087 \text{ cm},$$

also

$$d_s = 0{,}435 \text{ mm}.$$

Zur Aufnahme der Scherbeanspruchung würden also Stege von 0,5 mm Sperrholz genügen.

3. Knickbeanspruchung des Steges und Stegstärke d_k.

a) **Radialkraft:** Die Radialkraft wird ebenfalls für ein Holmstück von der Breite $\Delta l = 1$ cm berechnet. Nach Gleichung (5) ist

$$R = \frac{M^2}{h \cdot E \cdot J}$$

$$R = \frac{300000^2}{38{,}3 \cdot 90000 \cdot 7500} = 3{,}48 \text{ kg}.$$

Nach dem vorher Gesagten setzen wir den Koeffizienten $c = 0{,}6$ und erhalten

$$L = \frac{P}{l} \cdot \Delta l \cdot c = \frac{1000}{600} \cdot 1 \cdot 0{,}6 = 1 \text{ kg}.$$

Somit erhalten wir als Gesamtknickkraft K für den 1 cm breiten Stegstreifen:

$$\text{Radialkraft} + \text{Lastdruckkraft} = 3{,}48 + 1$$

$$K = \sim 4{,}5 \text{ kg}.$$

Da die Stege durch die Gurte etwas geführt werden, berechnen wir den Steg als halb eingespannten Knickstab nach der Formel

$$K = \frac{2\pi^2 E J_{\text{erf}}}{a^2},$$

wobei J_{erf} das erforderliche Trägheitsmoment des Steges von der Breite $\Delta l = 1$ cm ist.

Da sich die Knickkraft auf die beiden Stege verteilt, erhält ein Steg nur $\frac{1}{2} K$.

Wir berechnen nun:

$$J_{\text{erf}} = \frac{\frac{1}{2} K \cdot a^2}{2\pi^2 \cdot E}$$

$$J_{\text{erf}} = \frac{4{,}5 \cdot 36{,}6^2}{2 \cdot 2 \cdot \pi^2 \cdot 90000} = \frac{16{,}8}{10000} \text{ cm}^4 = 16{,}8 \text{ mm}^4$$

Aus der Formel:

$$J_{\text{erf}} = \frac{\Delta l \cdot d_k^3}{12}$$

erhalten wir die erforderliche Stegstärke

$$d_k^3 = \frac{J_{\text{erf}} \cdot 12}{\Delta l} = \frac{16{,}8 \cdot 12}{10} = 20{,}2 \text{ mm}^3$$

$$d_k = 2{,}72 \text{ mm}.$$

Zur Aufnahme der Scherkräfte würden also Stege von 0,5 mm genügen, zur Aufnahme der Radialkraft dagegen sind Stege von 2,7 mm notwendig.

Wir könnten natürlich auch die Knickfestigkeit des Steges dadurch erreichen, daß wir ihn durch Steifen stützen, wie dies im Brückenbau häufig geschieht[1]).

Rechnungsbeispiel 2. Zum Vergleich soll nun ein Duralholm berechnet werden.

Länge, Höhe und Belastung wie im Rechnungsbeispiel 1. Die Holmbreite sei diesmal

$$B = 5 \text{ cm (s. Abb. 14)}.$$

Festigkeitswerte für Dural:

$$K_b = 3000 \text{ kg/cm}^2,$$
$$K_s = 2200 \text{ kg/cm}^2,$$
$$E = 600000 \text{ kg/cm}^2.$$

Die Buchstaben bedeuten dasselbe wie im Rechnungsbeispiel 1.

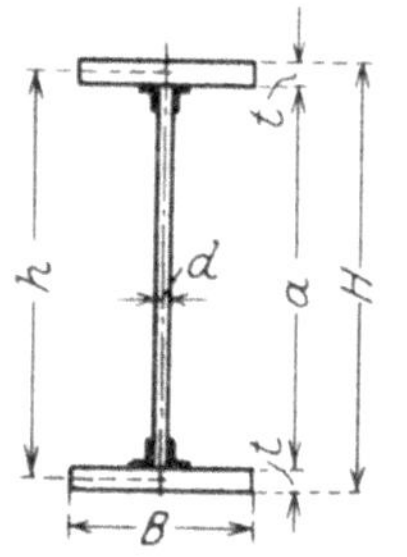

Abb. 14.

1. Holmgurte.

$$M = 300000 \text{ cmkg},$$

$$W_{\text{erf}} = \frac{M}{K_b} = \frac{300000}{3000} = 100 \text{ cm}^3,$$

$$W = \frac{B}{6H} \cdot (H^3 - a^3) = \frac{5}{6 \cdot 40}(40^3 - a^3) = 100 \text{ cm}^3.$$

Daraus folgt:

$$a = 39 \text{ cm},$$
$$t = 0{,}5 \text{ cm},$$
$$h = 39{,}5 \text{ cm}.$$

Die Widerstandsmomente von Steg und Winkelblechen werden vernachlässigt, da sie im Vergleich zu denen der Gurte sehr klein sind.

2. Scherkräfte und Stegstärke d_s.

Wie in Beispiel 1 ist:

$$X_s = \frac{Q \cdot \Delta l \cdot S}{J \cdot 2},$$

$$J = W \frac{H}{2} = 100 \cdot \frac{40}{2} = 2000 \text{ cm}^4,$$

$$S = B \cdot t \cdot h = 5 \cdot 0{,}5 \cdot 39{,}5 = 98{,}8 \text{ cm}^3,$$

und somit

$$X_s = \frac{1000 \cdot 1 \cdot 98{,}8}{2000 \cdot 2} = 24{,}7 \text{ kg}.$$

Die hierfür erforderliche Stegdicke ist

$$d_s = \frac{X_s}{\Delta l \cdot K_s} = \frac{24{,}7}{1 \cdot 2200} = 0{,}011 \text{ cm}.$$

Zur Aufnahme der Scherbeanspruchung würde also ein Steg von 0,11 mm Dicke ausreichen.

3. Knickberechnung des Steges.

a) Radialkraft. Die Radialkraft für ein Holmstück von der Breite $\Delta l = 1$ cm ist:

$$R = \frac{M^2}{h \cdot E \cdot J},$$

$$M = \frac{300000^2}{39{,}5 \cdot 600000 \cdot 2000} = 1{,}9 \text{ kg}.$$

Die Berechnung der Lastdruckkraft ergibt sich wie im Rechnungsbeispiel 1:

$$L = \frac{P}{l} \cdot \Delta l \cdot c = \frac{1000}{600} \cdot 1 \cdot 0{,}6 = 1 \text{ kg}.$$

Somit wird

$$K = \sim 2{,}9 \text{ kg}.$$

Des weiteren ist wieder

$$K = \frac{2\,\pi^2\,E\,J_{\text{erf}}}{a^2}$$

---

[1]) Über das Ausbeulen von Stegblechen (erforderliche Steifen) siehe Fr. Bleich: Theorie und Berechnung der eisernen Brücken. S. 281. Berlin: Julius Springer 1924.

und daraus

$$J_{\text{erf}} = \frac{K a^2}{2 \pi^2 E}$$

$$J_{\text{erf}} = \frac{2{,}9 \cdot 39^2}{2 \cdot \pi^2 \cdot 600000} = 0{,}000372 \text{ cm}^4$$

$$= 3{,}72 \text{ mm}^4.$$

Hieraus ergibt sich nun die erforderliche Stegstärke:

$$d_k^3 = \frac{J_{\text{erf}} \cdot 12}{\Delta l} = \frac{3{,}72 \cdot 12}{10} = 4{,}46 \text{ mm}^3$$

$$d_k = 1{,}645 \text{ mm}.$$

Wir sehen also, der für die Scherkräfte ausreichende Steg von 0,11 mm genügt nicht für die Radialkraft. Wir müssen ihn nach obiger Rechnung 1,65 mm dick ausführen, oder, wenn wir ihn schwächer halten wollen, ihn durch Steifen oder Winkel stützen.

Zusammengefaßt:

Der Steg eines Biegungsträgers muß neben den Längs- und Scherkräften auch Knickkräfte aufnehmen. Diese Knickbeanspruchung setzt sich zusammen aus:

1. der Radialkraft,
2. der Lastdruckkraft.

Die Radialkraft wird durch die Durchbiegung des Trägers hervorgerufen, ihre Größe berechnet sich nach der Formel:

$$R_x = \frac{M_x^2}{h_x \cdot E \cdot J_x}.$$

Die Lastdruckkraft wird durch den Lagerdruck der Lasten und Auflager verursacht.

Zur Theorie des Druckversuchs.

Der Spannungszustand bei ebener Formänderung und vollkommen verhinderter Querdehnung.

Von **Max Knein.**

Einleitung.

Bekanntlich treten bei Druckversuchen, insbesondere solchen mit steinartigen Körpern, Erscheinungen auf, für die bei Annahme einer gleichmäßigen Druckspannung keine befriedigende Erklärung zu finden ist. Es bilden sich an den Enden des Probekörpers die sog. Druckkegel oder -pyramiden, die bei weiterer Deformation auf den Körper eine Keilwirkung ausüben. Ferner ist die Tragfähigkeit eine Funktion des Verhältnisses der Länge zum Querschnittsdurchmesser; kurze Stücke zeigen eine wesentlich größere Tragfähigkeit als solche mittlerer Länge.

Als Grund dieser Erscheinungen muß die Reibung zwischen Probekörper und Druckplatten angesehen werden, die in den Berührungsflächen die Querdehnung des Probekörpers ganz oder zum Teil verhindert, und deren Einfluß sich nicht vollkommen einwandfrei ausschalten läßt. Es hat daher nicht an Versuchen gefehlt, auf theoretischem Wege den Einfluß der Druckflächen zu untersuchen. Bei allen derartigen Untersuchungen ist es nicht möglich, sämtliche von den besonderen Eigenschaften des Materials der Druckplatten sowohl wie der Probekörper herrührenden Einflüsse zu berücksichtigen. Gewisse vereinfachende Annahmen sind daher nicht zu umgehen. Zunächst liegt es nahe, daß man die Druckplatten gegenüber dem Probekörper als starr ansehen kann; diese Annahme wird mit der Wirklichkeit meistens annähernd übereinstimmen. Es folgt daraus, daß die Endflächen des Probekörpers bei der Formänderung eben bleiben. Um den Spannungszustand des Körpers eindeutig zu bestimmen, braucht man aber eine zweite Randbedingung an den Endflächen, welche die Verteilung der Schubspannungen über diese, oder die der Verschiebungen angibt. Die meisten Arbeiten machen hier mehr oder minder willkürliche Annahmen. Zunächst kann man nur sagen, daß zwischen Normal- und Schubspannung die Beziehung bestehen muß

$$|\tau| \leqq \mu |\sigma_n|,$$

wo μ den Reibungskoeffizienten bedeutet. Natürlich gibt es aber unendlich viele Spannungszustände, die diese Ungleichung befriedigen; der eine Grenzfall ist die gleichmäßige Druckverteilung bei ungehinderter Querdehnung. Der andere Grenzfall wäre der, daß τ überall so groß wird, daß an den Endflächen keine seitlichen Verschiebungen gegenüber den Druckplatten erfolgen, die Querdehnung bei starren Druckplatten also vollkommen gehindert wird; die Untersuchung muß dann ergeben, ob sich dieser Grenzfall mit den tatsächlich möglichen Werten μ verwirklichen läßt. Aus allen bisherigen Arbeiten geht hervor, daß für dieses räumliche Problem eine strenge Lösung, die auch die Spannungen mit genügender Genauigkeit anzugeben gestattet, recht schwierig wird.

Nach einer Anregung von Herrn Professor v. Kármán, Aachen, soll im folgenden die strenge Lösung des entsprechenden ebenen Problems behandelt werden. Es handelt sich also darum, die elastische Lösung für ein Rechteck so anzugeben, daß zwei gegenüberliegende Seiten spannungsfrei sind, während die beiden anderen Seiten, die den Druckflächen entsprechen, gerade bleiben und außerdem kein Punkt der letzteren eine Verschiebung längs der betreffenden Rechteckseite erfährt. Zunächst werden wir dabei das Rechteck als unendlich lang annehmen. In der dritten Richtung senkrecht zur Ebene des Rechtecks können wir uns den Körper entweder sehr dünn (ebener Spannungszustand) oder sehr ausgedehnt (ebener Formänderungszustand) vorstellen. In beiden Fällen wird die Lösung durch eine Airysche Spannungsfunktion gegeben, die innerhalb und auf den Grenzen des Rechtecks die Gleichung

$$\Delta\Delta F = \left(\frac{\partial^2}{\partial x^2} + \frac{\partial^2}{\partial y^2}\right)\left(\frac{\partial^2 F}{\partial x^2} + \frac{\partial^2 F}{\partial y^2}\right) = 0$$

erfüllt, und auf den Grenzen außerdem die Randbedingungen des folgenden Abschnittes befriedigt.

Die Spannungen leiten sich aus der Funktion F wie folgt ab:

$$\sigma_x = \frac{\partial^2 F}{\partial y^2},$$

$$\sigma_y = \frac{\partial^2 F}{\partial x^2},$$

$$\tau_{xy} = -\frac{\partial^2 F}{\partial x \partial y}.$$

Die Randbedingungen.

Wir legen (Abb. 1) den Nullpunkt des Koordinaten-Systems in die Mitte der Schmalseite des als unendlich ausgedehnt gedachten Halbstreifens, dessen Breite $= 1$ sei. Die x-Achse fällt mit der Schmalseite zusammen, die positive y-Achse parallel den Langseiten. Die Randbedingungen an den Langseiten lauten dann:

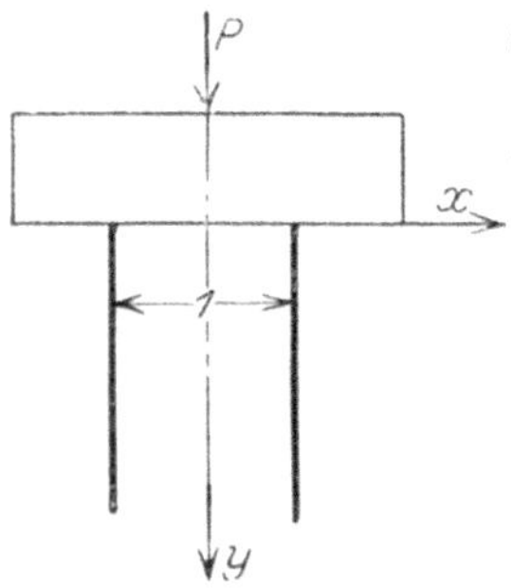

Abb. 1.

$$\left.\begin{aligned} \sigma_x &= \frac{\partial^2 F}{\partial y^2} = 0 \quad &\text{(I)} \\ \tau &= -\frac{\partial^2 F}{\partial x \partial y} = 0 \quad &\text{(II)} \end{aligned}\right\} \text{Für} \quad x = \pm\frac{1}{2}.$$

Da nun sein muß:

$$\int_{-1/2}^{+1/2} \frac{\partial^2 F}{\partial x^2}\, dx = -P,$$

kann man statt der Bedingungen (I) und (II) auch schreiben:

$$\left.\begin{aligned} F &= 0 \quad &\text{(Ia)} \\ \frac{\partial F}{\partial x} &= \pm\frac{P}{2} \quad &\text{(IIa)} \end{aligned}\right\} x = \pm\frac{1}{2}.$$

Ist u die Verschiebung in der x-Richtung, v diejenige in der y-Richtung, so hat man für den Fall des ebenen Spannungszustandes

$$\frac{\partial u}{\partial x} = \frac{1}{E}\left(\sigma_x - \frac{1}{m}\sigma_y\right) = \frac{1}{E}\left(\frac{\partial^2 F}{\partial y^2} - \frac{1}{m}\frac{\partial^2 F}{\partial x^2}\right), \tag{1}$$

$$\frac{\partial v}{\partial y} = \frac{1}{E}\left(\sigma_y - \frac{1}{m}\sigma_x\right) = \frac{1}{E}\left(\frac{\partial^2 F}{\partial x^2} - \frac{1}{m}\frac{\partial^2 F}{\partial y^2}\right), \tag{2}$$

$$-\tau_{xy} = \frac{\partial^2 F}{\partial x \partial y} = -\frac{mE}{2(m+1)}\left(\frac{\partial u}{\partial y} + \frac{\partial v}{\partial x}\right). \tag{3}$$

Da nun für $y = 0$ überall innerhalb des Streifens $u = 0$ sein soll, also auch $\frac{\partial u}{\partial x} = 0$, so folgt sofort:

$$m\sigma_x - \sigma_y = 0\ (y = 0). \tag{III}$$

Differentiert man Gl. (1) nach y, Gl. (3) nach x, und löst nach $\frac{\partial^2 v}{\partial x^2}$ auf, so erhält man

$$mE\frac{\partial^2 v}{\partial x^2} = m\frac{\partial^3 F}{\partial y^3} + (2m+1)\frac{\partial^3 F}{\partial x^2 \partial y}$$

und weil für $y = 0$: $\frac{\partial v}{\partial x} = 0$, also auch $\frac{\partial^2 v}{\partial x^2} = 0$,

$$\frac{\partial \sigma_x}{\partial y} + \frac{2m+1}{m}\frac{\partial \sigma_y}{\partial y} = 0 \quad (y = 0). \tag{IV}$$

Nimmt man nicht den ebenen Spannungszustand, sondern den ebenen Formänderungszustand an, so hat man an Stelle von 1, 2 und 3:

$$mE\frac{\partial u}{\partial x} = \frac{m+1}{m}\left(\frac{\partial^2 F}{\partial y^2} - \frac{1}{m-1}\frac{\partial^2 F}{\partial x^2}\right), \tag{1a}$$

$$mE\frac{\partial v}{\partial y} = \frac{m+1}{m}\left(\frac{\partial^2 F}{\partial x^2} - \frac{1}{m-1}\frac{\partial^2 F}{\partial y^2}\right), \tag{2a}$$

$$\frac{\partial^2 F}{\partial x \partial y} = -\frac{mE}{2(m+1)}\left(\frac{\partial u}{\partial y} + \frac{\partial v}{\partial x}\right). \tag{3a}$$

Daraus folgt genau wie vorher

$$(m-1)\sigma_x - \sigma_y = 0, \tag{IIIa}$$

$$\frac{\partial \sigma_x}{\partial y} + \frac{2m-1}{m-1}\frac{\partial \sigma_y}{\partial y} = 0. \tag{IVa}$$

Ist also beim ebenen Spannungszustand $m = m_1$, beim ebenen Formänderungszustand $m = m_2$, so wird (III) identisch mit (IIIa), und (IV) identisch mit (IVa), wenn

$$m_1 = m_2 - 1.$$

Solange wir also m keinen bestimmten Wert beilegen, brauchen wir zwischen ebenem Spannungszustand und ebenem Formänderungszustand nicht zu unterscheiden. Für das Folgende werden stets die Formeln (IIIa) und (IVa) benutzt.

Aus (III) oder (IIIa) glaubte man schließen zu sollen, daß σ_y an den Ecken verschwinden müsse, weil σ_x für $x = \pm\frac{1}{2}$ verschwindet. Dieser Schluß wäre nur dann erlaubt, wenn in der Ecke sich die Spannungen regulär verhielten. Dies ist aber nicht der Fall.

Unsere nächste Aufgabe ist es deshalb, die Art der Singularität festzustellen. Wir betrachten daher zunächst die Ecke einer unendlich ausgedehnten Viertelebene, die den entsprechenden Randbedingungen unterworfen ist.

Die Lösung für die Ecke des unendlichen Körpers.

Wir legen den Koordinatenanfang in den Eckpunkt, die y-Achse gehe nach unten, die x-Achse liege wagerecht in der Druckgeraden. Wir führen (Abb. 2) Polarkoordinaten r, φ ein, wobei $\varphi = 0$ mit der y-Achse, $\varphi = \frac{\pi}{2}$ mit der x-Achse zusammenfällt.

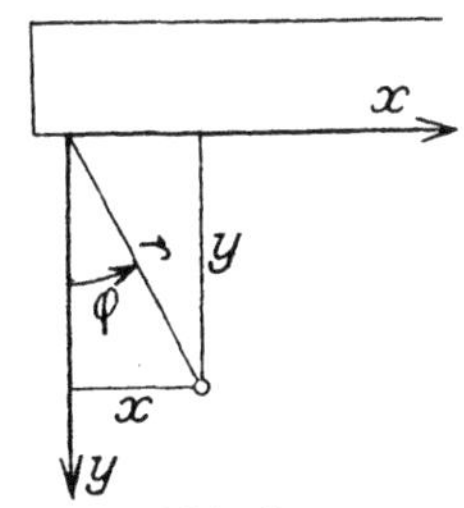

Abb. 2.

Die Randbedingungen sind dann:

$$\left.\begin{aligned} F &= 0 \quad &\text{(Ib)} \\ \frac{\partial F}{\partial \varphi} &= 0 \quad &\text{(IIb)} \end{aligned}\right\} \varphi = 0$$

$$\left.\begin{aligned} \sigma_r(m-1) - \sigma_\varphi &= 0 \quad \text{IIIb} \\ \frac{\partial}{\partial \varphi}\left(\sigma_x + \frac{2m-1}{m-1}\sigma_y\right) &= 0 \quad \text{IVb} \end{aligned}\right\} \varphi = \frac{\pi}{2}.$$

Wir haben zunächst folgende Beziehungen

$$\sigma_\varphi = \frac{\partial^2 F}{\partial r^2}, \quad \sigma_r = \frac{1}{r^2}\frac{\partial^2 F}{\partial \varphi^2} + \frac{1}{r}\frac{\partial F}{\partial r}, \quad \tau = -\frac{\partial}{\partial r}\left(\frac{1}{r}\frac{\partial F}{\partial \varphi}\right),$$

$$\sigma_y = \frac{\partial^2 F}{\partial x^2} = \left(\frac{1}{r}\cdot\cos\varphi\frac{\partial}{\partial\varphi} + \sin\varphi\frac{\partial}{\partial r}\right)^2 F,$$

$$\sigma_x = \frac{\partial^2 F}{\partial y^2} = \left(\cos\varphi\frac{\partial}{\partial r} - \frac{1}{r}\sin\varphi\frac{\partial}{\partial\varphi}\right)^2 F.$$

Aus den letzten Gleichungen folgt für $\varphi = \frac{\pi}{2}$

$$\frac{\partial\sigma_y}{\partial\varphi} = \frac{\partial^3 F}{\partial r^2\partial\varphi} - \frac{2}{r}\frac{\partial^2 F}{\partial r\partial\varphi} + \frac{2}{r^2}\frac{\partial F}{\partial\varphi},$$

$$\frac{\partial\sigma_x}{\partial\varphi} = \frac{1}{r^2}\frac{\partial^3 F}{\partial\varphi^3} + \frac{1}{r}\frac{\partial^2 F}{\partial r\partial\varphi} + \frac{2}{r}\frac{\partial^2 F}{\partial r\partial\varphi} - \frac{2}{r^2}\frac{\partial F}{\partial\varphi}.$$

Die Spannungsfunktion F muß die Differentialgleichung

$$\Delta\Delta F = \left(\frac{\partial^2}{\partial r^2} + \frac{1}{r^2}\frac{\partial^2}{\partial\varphi^2} + \frac{1}{r}\frac{\partial}{\partial r}\right)^2 F = 0$$

befriedigen. Sind nun g und h zwei Funktionen, die beide die Gleichungen

$$\Delta g = 0, \qquad \Delta h = 0$$

erfüllen, so befriedigt $F = g + r^2\cdot h$ die Gleichung $\Delta\Delta F = 0$.

Wir setzen nun

$$g = r^n(A\cos n\varphi + B\cdot\sin n\varphi)$$
$$h = r^{n-2}(C\cos(n-2)\varphi + D\sin(n-2)\varphi$$

und erhalten

$$F = r^n[A\cos n\varphi + B\sin n\varphi + C\cos(n-2)\varphi + D\cdot\sin(n-2)\varphi)] = r^n f(\varphi). \tag{4}$$

Mit den Abkürzungen:

$$f' = \frac{df}{d\varphi} \quad f'' = \frac{d^2 f}{d^2\varphi^2}, \quad f''' = \frac{d^3 f}{df^3}$$

können die Randbedingungen wie folgt geschrieben werden:

$$\left.\begin{matrix} f = 0 \\ f' = 0 \end{matrix}\right\}\varphi = 0, \qquad \begin{matrix}(\mathrm{I\,c})\\(\mathrm{II\,c})\end{matrix}$$

$$\left.\begin{matrix}(m-1)f'' + n(m-n)\cdot f = 0 \\ (m-1)f''' + [m(2n^2-3n+2)-n^2]f' = 0\end{matrix}\right\}\varphi = \frac{\pi}{2}. \qquad \begin{matrix}(\mathrm{III\,c})\\(\mathrm{IV\,c})\end{matrix}$$

Die Randbedingungen (Ic) und (IIc) liefern

$$C = -A, \quad D = -B\frac{n}{n-2},$$

$$f = A[\cos n\varphi - \cos(n-2)\varphi] + B[\sin n\varphi + \frac{n}{2-n}\sin(n-2)\varphi], \tag{5}$$

für $\varphi = \frac{\pi}{2}$ erhält man

$$f = 2\left[A\cos n\frac{\pi}{2} - B\frac{n-1}{2-n}\sin n\frac{\pi}{2}\right],$$

$$f' = -2A(n-1)\sin n\frac{\pi}{2} + 2B\cdot n\cdot\cos n\frac{\pi}{2},$$

$$f'' = -2\left[A\,(n^2 - 2n + 2)\cos n\frac{\pi}{2} + B\cdot n\,(n-1)\sin n\frac{\pi}{2}\right],$$

$$f''' = 2\left[A\,(n^3 - 3n^2 + 6n - 4)\sin n\frac{\pi}{2} - B\,n\,(n^2 - 2n + 2)\cos n\frac{\pi}{2}\right],$$

wobei die Beziehungen benutzt sind:

$$\cos(n-2)\frac{\pi}{2} = -\cos n\frac{\pi}{2}, \quad \sin(n-2)\frac{\pi}{2} = -\sin n\frac{\pi}{2}.$$

Nunmehr kann man die errechneten Werte in (IIIc) und (IVc) einsetzen; dabei kann durch den Faktor $(n-1)$ gehoben werden. Dann folgt

aus (IIIc): $$A\,[-m\,(n-2)-2]\cos n\frac{\pi}{2} + B\frac{n}{n-2}[m\,(3-n)-2]\sin n\frac{\pi}{2} = 0, \tag{6}$$

aus (IVc): $$A\,[-m\,(n+1)+2]\,(n-2)\sin n\frac{\pi}{2} + B\,n\,(mn-2)\cos n\frac{\pi}{2} = 0. \tag{7}$$

Diese beiden homogenen Gleichungen können gleichzeitig nur erfüllt sein, wenn die Nennerdeterminante verschwindet. Dies ist zunächst stets der Fall für $n = 0$; das ist aber keine brauchbare Lösung.

Nachdem durch n gehoben ist, lautet die Bedingung

$$\sin^2 n\frac{\pi}{2}[m^2(n^2-2n-3)+8m-4] + \cos^2 n\frac{\pi}{2}[m^2(n^2-2n)+4m-4] = 0.$$

Aus dieser transzendenten Gleichung könnte man für einen gegebenen Wert m den zugehörigen Wert n bestimmen. Einfacher ist es, zu schreiben

$$m^2\left(n^2 - 2n - 3\sin^2 n\frac{\pi}{2}\right) + 4m\left((1+\sin^2 n\frac{\pi}{2}\right) - 4 = 0, \tag{8}$$

$$m = \frac{2\left(1+\sin^2 n\frac{\pi}{2}\right) + \sqrt{4\,(n-1)^2 - \sin^2 n\pi}}{3\sin^2 n\frac{\pi}{2} + 2n - n^2}.$$

Nun muß n, wenn die Normalspannung an der Druckfläche integrabel sein soll, größer sein als 1. Andererseits wird für $m = \infty : n = 2$. Es genügt also, für Werte n zwischen 1 und 2 das zugehörige m aus 8 zu bestimmen. Für $1 < n < 1{,}5$ wird m imaginär, so daß nur die Werte $1{,}5 \leqq n \leqq 2$ in Betracht kommen. Abb. 3 zeigt demgemäß m als Funktion von n.

Hierzu ist daran zu erinnern, daß Abb. 3 für den ebenen Formänderungszustand gilt, also $m = m_2$ ist. Aus der Abbildung ersieht man, daß für die praktisch in Betracht kommenden Werte m, also etwa m zwischen 3 und 7 sich der Exponent n zwischen 1,67 und 1,83 bewegt.

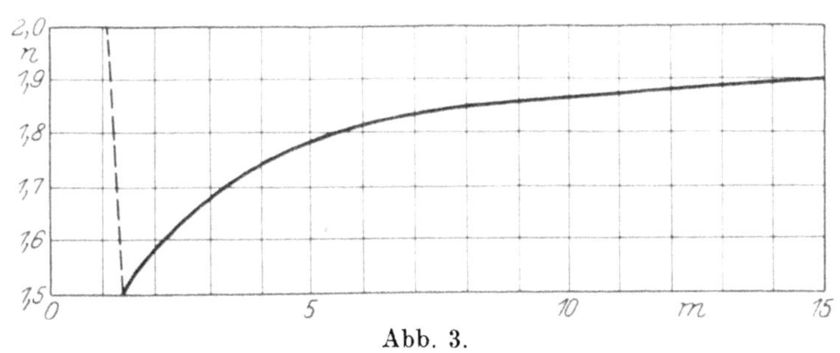

Abb. 3.

Bei der folgenden Rechnung für den Streifen von endlicher Breite, die nicht mit allgemeinen m durchführbar ist, werden wir als Mittelwert $n = 1{,}75$ wählen. Hierzu gehört $m = 4{,}11$ und $B = 0{,}1065\,A$.

Ehe wir nun mit diesen Werten die Rechnung fortsetzen, wollen wir feststellen, welchen Wert der Reibungskoeffizient in der Druckfläche bei verschiedenen Werten m haben muß, um in der Ecke die Randbedingungen zu befriedigen. Wir bestimmen also den Wert von

$$\left|\frac{\tau}{\sigma_\varphi}\right| = \mu = \frac{1}{n}\left|\frac{f'}{f}\right|$$

und mit Gl. (5)

$$\mu = \frac{1}{n}\left|\frac{-A\,(n-1)\sin n\frac{\pi}{2} + B\,n\cos n\frac{\pi}{2}}{A\cos n\frac{\pi}{2} + B\,\frac{n-1}{n-2}\sin n\frac{\pi}{2}}\right|,$$

in Verbindung mit (6) und (7) folgt daraus:

$$\mu = \left|\frac{m\,(3-n)-2}{m\,n-2}\,\mathrm{tg}\, n\frac{\pi}{2}\right|, \tag{9}$$

wobei zu einem gegebenen m das zugehörige μ aus Abb. 3 zu entnehmen ist. Abb. 4 gibt den erforderlichen Reibungskoeffizienten μ als Funktion von m an. Man sieht, daß innerhalb der praktischen Grenzen von m man μ nahezu gleich $\frac{1}{m}$ setzen kann und daß für $m > 3 : \mu < 0{,}34$. Die Erfüllung unserer Randbedingungen ist also mit den in der Wirklichkeit auftretenden Werten des Reibungskoeffizienten durchaus möglich.

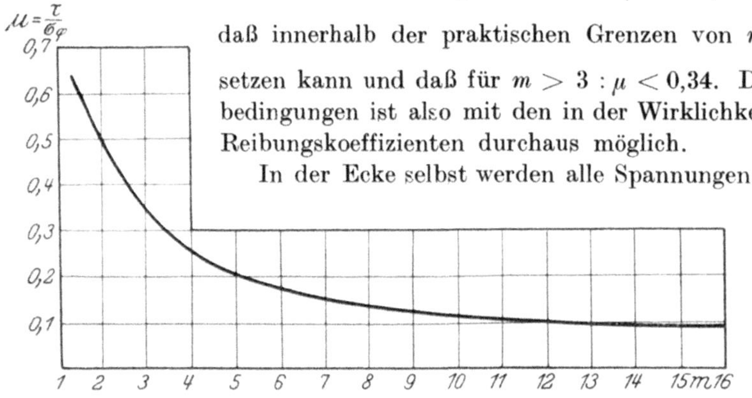

Abb. 4.

In der Ecke selbst werden alle Spannungen unendlich, das Verhältnis μ bleibt jedoch bestehen. Innerhalb der Grenzen $3 \leqq m \leqq 7$ ändert sich der Exponent der Spannnngen von $-0{,}33$ bis $-0{,}17$, so daß also tatsächlich die Spannungen nur in einem kleinen Bereich sehr groß werden.

Die Lösung ist also für den weitaus größten Teil des Körpers als gute Annäherung zu betrachten, und nur in der äußersten Ecke wird sie mit der Wirklichkeit nicht übereinstimmen.

Die folgende Rechnung für den Körper von endlicher Breite wird dies noch klarer hervortreten lassen.

Übergang zum endlich breiten Streifen.

Wir nehmen, wie oben angegeben, weiterhin stets $m = 4{,}11$ und $n = 1{,}75$ an und setzen A das der äußeren Kraft proportional ist, bis auf weiteres gleich $\frac{1}{2\,(n-1)} = \frac{1}{1{,}5}$, also

$$F = \frac{1}{1{,}5}\,r^{-\frac{1}{4}}\left[\cos\frac{7}{4}\varphi - \cos\frac{1}{4}\varphi + 0{,}1065\left(\sin\frac{7}{4}\varphi - 7\cdot\sin\frac{1}{4}\varphi\right)\right]. \tag{10}$$

Wir berechnen zunächst die von (10) herrührenden Spannungen, und zwar gehen wir sofort auf die Spannungen σ_x, σ_y, τ_{xy} über, wobei wir die oben angegebenen Formeln benutzen; es ergibt sich nach einiger Umformung

$$\sigma_y = -\frac{0{,}5}{\sqrt[4]{r}}\left\{\cos\frac{1}{4}\varphi\,(3{,}5 + 0{,}5\cos^2\varphi + 0{,}186\sin 2\varphi) + \sin\frac{1}{4}\varphi\left[0{,}186\,(7+\cos 2\varphi) - \frac{1}{4}\sin 2\varphi\right]\right\}, \tag{11}$$

ebenso rechnet man

$$\sigma_x = \frac{0{,}5}{\sqrt[4]{r}}\left\{\cos\frac{1}{4}\varphi\,(0{,}5\sin^2\varphi - 0{,}186\sin 2\varphi) + \sin\frac{1}{4}\varphi\left[0{,}186\,(9-\cos 2\varphi) + \frac{1}{4}\sin 2\varphi\right]\right\}, \tag{12}$$

$$\tau_{xy} = -\frac{0{,}125}{\sqrt[4]{r}}\left[\sin\frac{1}{4}\varphi\,(7+\cos 2\varphi + 0{,}744\sin 2\varphi) + \cos\frac{1}{4}\varphi\,(1{,}488\sin^2\varphi + \sin 2\varphi)\right]. \tag{13}$$

In der Druckfläche werden die Spannungen

$$\sigma_y = \sigma_\varphi = -\frac{1{,}828}{\sqrt[4]{r}}, \quad \sigma_x = \sigma_r = -\frac{0{,}588}{\sqrt[4]{r}}, \quad \tau_{xy} = -\tau_{r\varphi} = -\frac{0{,}458}{\sqrt[4]{r}}.$$

Wir denken uns nunmehr die untere Halbebene ($y \geqq 0$) durch unendlich viele senkrechte Gerade in Streifen von der Breite 1 eingeteilt (Abb. 5). Wir nennen diese senkrechten Geraden kurz s_0, s_1, s_0', s_1' allgemein s_k, s_k'. In der Mitte zwischen 0 und 0′ legen wir den Ursprung eines xy-Koordinatensystems, der also jetzt nicht mehr mit dem Punkt $r = 0$ in Abb. 2 zusammenfällt. Die Schnittpunkte der Geraden s_k mit der x-Achse betrachten wir als Ecken, für die sämtlich die oben entwickelte, durch die Spannungsfunktion (10) bestimmte Lösung gilt, und zwar so, daß die Viertelebene $0 \leqq \varphi_k \leqq \frac{\pi}{2}$ stets den Streifen 0 — 0′ enthält, die Singularitäten also spiegelbildlich zu $x = 0$ angeordnet sind. Jede Ecke ist also singuläre Stelle eines Spannungszustandes, der durch die Gl. (11), (12), (13) angegeben ist.

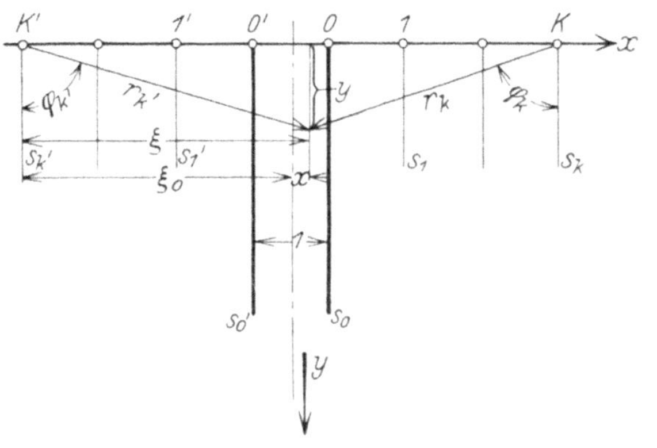

Abb. 5.

Wir bezeichnen diese Singularitäten und den zu ihnen gehörigen Spannungszustand kurz mit S_0, S_1 allgemein S_k, S_k'. Betrachten wir nun den Streifen zwischen 0 und 0′, also zwischen $x = \pm\frac{1}{2}$. Die Randbedingungen für $y = 0$, nämlich $u = 0$, $\frac{\partial v}{\partial x} = 0$ werden innerhalb des Streifens von S_0, S_0' gemäß der früheren Ableitung erfüllt. Sie werden aber auch von S_1, S_1' und überhaupt von jedem S_k und S_k' erfüllt. Also werden sie auch von der Summe aller $S_k + S_k'$ erfüllt. Auf der Geraden s_0 erzeugt S_0 nach den Voraussetzungen des vorigen Abschnittes keine Schubspannungen; die von S_1 und S_0' herrührenden Schubspannungen heben sich aus Symmetriegründen auf, ebenso die von S_k' und S_{k+1}. Es treten somit auf der Geraden s_0 auch bei unendlich vielen Singularitäten keine Schubspannungen auf; dasselbe gilt für s_0'.

Bezeichnen wir die von S_k herrührenden Spannungen mit $\sigma_x(k)$ usw., so bleiben zwar die $\sigma_x(k)$, $\sigma_y(k)$ außer in den singulären Stellen an den Ecken überall endlich, die Summen $\sum\limits_{k=0}^{\infty}\sigma_x(k)$, $\sum\limits_{k=0}^{\infty}\sigma_y(k)$ jedoch nicht. Wir müssen vielmehr zu jedem k einen Spannungszustand überlagern, der die Konvergenz der Summe wieder herstellt. Dieser Spannungszustand besteht aus einer Zugspannung $\sigma_y^0(k)$ und einer Zugspannung $\sigma_x^0(k)$, zwischen denen die Beziehung gelten muß:

$$\sigma_y^0(k) - (m-1)\,\sigma_x^0(k) = 0.$$

Bei einem solchen Spannungszustand ist in der ganzen Halbebene überall $u = 0$, $\frac{\partial v}{\partial x} = 0$. Die Größe von $\sigma_x^0(k)$ bestimmen wir so, daß $\sigma_x(k)$ auf den Geraden s_0 nächst der Geraden $y = 0$ verschwindet. Die von S_0 herrührenden Spannungen bleiben dabei außer Betracht.

Nun entsteht bei $x = \frac{1}{2}$, $y = 0$ von S_k her die Spannung

$$\sigma_x(k) = -\frac{0{,}5 \cdot 1{,}175}{\sqrt[4]{k}}, \quad k = 1, 2, 3, \cdots$$

von $S'_{(k-1)}$ her kommt ebenfalls

$$\sigma_x(k-1)' = -\frac{0{,}5 \cdot 1{,}175}{\sqrt[4]{k}},$$

so daß wir zusammen haben

$$\sigma_x^0(k) = +\frac{1{,}175}{\sqrt[4]{k}} \qquad \sigma_y^0(k) = +\frac{3{,}655}{\sqrt[4]{k}}.$$

Die Summe $1{,}175 \sum_{k=1}^{\infty} k^{-1/4}$ ist also der wegzuhebende divergente Teil in den Summen $\sum_{0}^{\infty} \sigma_x(k)$. Nunmehr bleiben für endliche y außer in den Ecken alle Spannungen endlich und lassen sich in gut konvergierende Reihen entwickeln.

Zunächst entwickeln wir die von S_k' herrührende Spannung $\sigma_y(k')$, wobei wir von Gl. (11) ausgehen. Aus Abb. 5 ergibt sich:

$$\cos\varphi = \frac{y}{r}, \qquad \sin\varphi = \frac{\xi}{r}, \qquad r = \sqrt{\xi^2 + y^2}.$$

Man setzt

$$\eta = \frac{y}{\xi}$$

und erhält

$$\frac{1}{r} = \frac{1}{\xi}\left(1 - \frac{1}{2}\eta^2\right), \qquad \cos\varphi = \eta\left(1 - \frac{1}{2}\eta^2\right), \qquad \sin\varphi = 1 - \frac{1}{2}\eta^2, \qquad \sin 2\varphi = 2\eta\,(1-\eta^2),$$

$$\cos 2\varphi = 2\eta^2 - 1 \quad \text{usw.}$$

wenn im Ausdruck für $\sigma_y(k)$ mit Gliedern in η^3 abgebrochen werden soll; ebenso entwickelt man

$$\cos\frac{\varphi}{4} = 0{,}8239 + 0{,}0955\,\eta - 0{,}0298\,\eta^2 - 0{,}0329\,\eta^3,$$

$$\sin\frac{\varphi}{4} = 0{,}3827 - 0{,}231\,\eta - 0{,}0118\,\eta^2 + 0{,}0796\,\eta^3$$

und erhält schließlich nach Ausmultiplizieren und Zusammenziehen

$$\sigma_y(k') = -\frac{0{,}5}{\sqrt[4]{\xi}}\,(3{,}655 + 0{,}229\,\eta + 0{,}183\,\eta^2 - 0{,}252\,\eta^3). \tag{14}$$

Nunmehr setzt man in (14) ein

$$\xi = \xi_0 + x = \xi_0\left(1 + \frac{x}{\xi_0}\right)$$

und entwickelt nach Potenzen von $\frac{x}{\xi_0}$. Der Ausdruck für die Spannung $\sigma_y(k)$ am Punkt x, y unterscheidet sich von $\sigma_y(k')$ nur durch das Vorzeichen des Gliedes in x. Faßt man unter $\sigma_y(k)$ also die von S_k und S_k' herrührenden Spannungen zusammen, so fällt das Glied in x fort und man bekommt, indem man das oben berechnete $\sigma_y^0(k)$ hinzufügt:

$$\sigma_y(k) = -\frac{1}{\sqrt[4]{\xi_0}}\left\{3{,}655\cdot\frac{5}{32}\left(\frac{x}{\xi_0}\right)^2 + 0{,}229\,\frac{y}{\xi_0}\left[1 + \frac{45}{33}\left(\frac{x}{\xi_0}\right)^2\right]\right.$$
$$\left. + 0{,}183\left(\frac{y}{\xi_0}\right)^2\left[1 + \frac{117}{32}\left(\frac{x}{\xi_0}\right)^2\right] - 0{,}252\left(\frac{y}{\xi_0}\right)^3\left[1 + \frac{221}{32}\left(\frac{x}{\xi_0}\right)^2\right]\cdots\right\} \tag{15}$$

Diese Reihe gilt für $\frac{1}{2} \leqq x \leqq \frac{1}{2}$. Sie erlaubt innerhalb dieser Grenze die Berechnung bis auf rund 1% genau, wenn $\frac{y}{\xi_0}$ nicht viel größer ist als etwa $\frac{1}{3{,}5}$. Ist also c der kleinste Wert von k, für den $\xi_0 = k + \frac{1}{2} > 3{,}5\,y$, so muß sein $c > 3\,y$. Man setzt also nunmehr in (15) ein:

$$\xi_0 = k + \frac{1}{2}$$

und summiert von c bis ∞ $(c > 3\,y)$, wobei man zur Abkürzung setzt

$$\sum_{k=c}^{\infty}\left(k + \frac{1}{2}\right)^{-\left(n + \frac{1}{4}\right)} = R(n, c) \tag{16}$$

$$\sum_{k=c}^{\infty}\left[k^{-1/4}-\left(k+\frac{1}{2}\right)^{-1/4}\right]=D\,(c) \tag{17}$$

$$k=1,\,2,\,3\,\ldots \qquad n=1,\,2,\,3\,\ldots \qquad c=1,\,2,\,3\,\ldots$$

Die vollständige Formel für σ_y^I, wie wir die von den sämtlichen Singularitäten S_k herrührende Spannung nennen wollen, lautet dann:

$$\begin{aligned}\sigma_y^{\mathrm{I}} &= \sum_{k=0}^{c-1}\sigma_y\,(k)+\sum_{k'=0}^{c-1}\sigma_y\,(k')+3{,}655\left(\sum_{k=1}^{c-1}k^{-1/4}+D\,(c)\right)\\ &-\{y\cdot 0{,}229\;R\,(1,\,c)+y^2\cdot 0{,}183\;R\,(2,\,c)-y^3\cdot 0{,}253\;R\,(3,\,c)\\ &+x^2\,[0{,}572\;R\,(2,\,c)+y\cdot 0{,}322\;R\,(3,\,c)+y^2\cdot 0{,}67\;R\,(4,\,c)-1{,}74\;y^3R\,(5,\,c)]\}\end{aligned} \tag{18}$$

Die von den S_k und S_k' für $k < c$ herrührenden Anteile sind aus Gl. (11) zu errechnen. Die erforderlichen Zahlenwerte R, D enthält die folgende Tabelle:

	$n =$					$D\,(c)$
$c =$	1	2	3	4	5	$=$
1	3,958	0,730	0,355	0,207	0,129	0,530
2	3,355	0,329	0,0873	0,0286	0,0102	0,433
3	3,037	0,202	0,0367	0,00826	0,00204	0,387
4	2,828	0,142	0,0196	0,00340	0,00065	0,358

Zur Berechnung von $\sigma_x\,(k')$ gehen wir aus von Gl. (12), die wir entwickeln in

$$\sigma_x\,(k')=-\frac{0{,}5}{\sqrt[4]{\xi}}\,(1{,}175-0{,}535\cdot\eta-0{,}948\,\eta^2+0{,}394\cdot\eta^3)\,. \tag{19}$$

Man verfährt genau wie oben und erhält damit die der Gl. (18) entsprechende Gl.

$$\begin{aligned}\sigma_x^I &= \sum_{k=0}^{c-1}\sigma_x\,(k)+\sum_{k'=0}^{c-1}\sigma_x\,(k')+1{,}175\left(\sum_{k=1}^{c-1}k^{-1/4}+D\,(c)\right)+y\cdot 0{,}535\;R\,(1,c)+y^2\,0{,}949\;R\,(2,c)\\ &-y^3\,0{,}394\;R\,(3,c)-x^2\,[0{,}1835\;R\,(2,c)-y\cdot 0{,}753\;R\,(3,c)-y^2\cdot 3{,}46\;R\,(4,c)+y^3\,2{,}72\;R\,(5,c)]\end{aligned} \tag{20}$$

Die Entwicklung für τ_{xy}, welche aus Gl. (13) folgt, lautet:

$$\tau_{xy}^I=\sum_{k=0}^{c-1}\tau\,(k)+\sum_{k'=0}^{c-1}\tau\,(k')+x\,[0{,}229\,R\,(1,c)+y\cdot 0{,}78\;R\,(2,c)+y^2\cdot 1{,}00\;R\,(3,c)-y^3\cdot 2{,}40\;R\,(4,c)]. \tag{21}$$

Der durch die Gl. (18), (20), (21) bestimmte Spannungszustand erfüllt nach dem oben Gesagten die Randbedingungen (II), (IIIa), (IVa). Er erzeugt auf den Geraden $x=\pm\frac{1}{2}$ Spannungen $\bar{\sigma}_x^I$, die noch aufgehoben werden müssen; um sie zu bestimmen, gehen wir von der Entwicklung (19) aus, indem wir statt ξ: k schreiben, fassen die von S_k und S'_{k-1} herrührenden Anteile zusammen, fügen $\sigma_x^0=\frac{1{,}175}{\sqrt[4]{k}}$ hinzu und summieren von c bis ∞

$$\bar{\sigma}_x^I=2\sum_{k=1}^{c-1}\sigma_x\,(k)+\sum_{k=1}^{c-1}1{,}175\,k^{-1/4}+y\,0{,}535\sum_{k=c}^{\infty}k^{-5/4}+0{,}949\,y^2\sum_{k=c}^{\infty}k^{-9/4}-y^3\cdot 0{,}394\sum_{k=c}^{\infty}k^{-13/4} \tag{22}$$

mit $c=1$ wird

$$\bar{\sigma}_x^I=2{,}54\;y+1{,}388\;y^2-0{,}458\;y^3. \tag{23}$$

Diese Reihe gibt $\bar{\sigma}_x^I$ bis $y=\sim\frac{1}{3}$ auf 1% genau. Für größere Werte y muß $c=2,\,3,\,4$ usw. genommen werden und die Anteile für $k<c$ hat man aus (12) zu berechnen.

Abb. 6 zeigt den Verlauf von $\bar{\sigma}_x^I$ als Funktion von y.

Es könnte auffallen, daß $\bar{\sigma}_x^I$ eine Zugspannung ist und für große y unendlich groß wird. Das dem so sein muß, ergibt sich aber schon aus der Betrachtung der Deformation. Auf der Geraden $x = \frac{1}{2}$ heben sich nämlich die Verschiebungen u in der x-Richtung, welche von S_1 und S_0' herrühren, aus Symmetriegründen auf, ebenso allgemein die von S_k und S'_{k-1}. Also bleiben nur die von S_0 herrührenden u übrig, welche positiv sind und für große y unendlich werden. Entsprechend ist es auf der Geraden $x = -\frac{1}{2}$, wo u negativ ist. Bei endlicher Streifenbreite muß den unendlich großen Dehnungen natürlich eine unendlich große Zugspannung entsprechen.

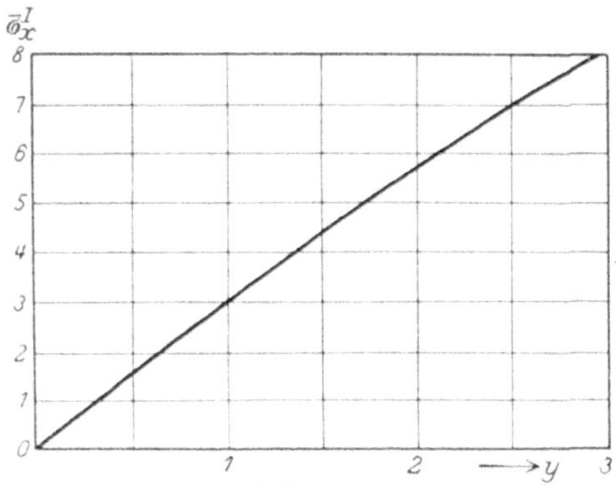

Abb. 6.

Es handelt sich nunmehr darum, die Spannungen $\bar{\sigma}_x^I$ fortzuschaffen und damit zugleich die Endlichkeit der Deformation wieder herzustellen.

Überlagerung eines zweiten Spannungszustandes.

Wir hätten jetzt also eine Lösung der Gleichung $\Delta\Delta F^{II} = 0$ anzugeben, welche die Randbedingungen (II), (IIIa), (IVa) befriedigt und außerdem für $x = \pm \frac{1}{2}$ liefert:

$$\bar{\sigma}_x^{II} = -\bar{\sigma}_x^I.$$

Es ist jedoch einfacher, zunächst auf die genaue Erfüllung der Randbedingung (III) ($u = 0$) zu verzichten, und unter den dann möglichen unendlich vielen Lösungen eine einfache herauszugreifen, die aber überall im Endlichen endliche Spannungen liefern muß. Eine solche Lösung erhält man, wenn man die Randspannungen $\bar{\sigma}_x^{II}$ über die x-Achse hinaus symmetrisch zu dieser fortgesetzt denkt. Dann bleibt die Gerade $y = 0$ offenbar aus Symmetriegründen gerade; also ist Bedingung (IV) erfüllt. Es wird sich zeigen, daß man dann auch Bedingung (III) in sehr einfacher Weise praktisch genau genug erfüllen kann.

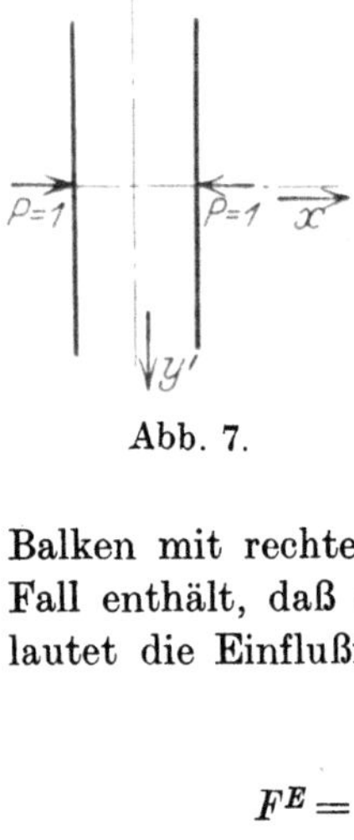

Abb. 7.

Zur Berechnung der von dem $\bar{\sigma}_x^{II}$ herrührenden Spannungen bedienen wir uns der Einflußfunktion der $\bar{\sigma}_x$; d. h. wir benutzen den Spannungszustand, welcher in dem unendlich langen Streifen von der Breite 1 durch zwei Druckkräfte von der Größe 1 bei $y' = 0$, $x = \pm \frac{1}{2}$ erzeugt wird, während die Ränder im übrigen spannungsfrei sind (Abb. 7). Es kann hierbei auf die Abhandlung von Seewald, Spannungen und Formänderungen von Balken mit rechteckigem Querschnitt[1]) verwiesen werden, die die Einflußfunktion für den Fall enthält, daß die Belastung nur an einer Seite des Streifens erfolgt. Für unseren Fall lautet die Einflußfunktion

$$F^E = \frac{1}{\pi}\int_0^\infty \frac{\left(2\,\mathfrak{Sin}\frac{\alpha}{2} + \alpha\,\mathfrak{Cof}\frac{\alpha}{2}\right)\mathfrak{Cof}\,\alpha x - 2\,\alpha x\,\mathfrak{Sin}\frac{\alpha}{2}\cdot\mathfrak{Sin}\,\alpha x}{\alpha^2\,(\mathfrak{Sin}\,\alpha + \alpha)}\cos\alpha y'\,d\alpha \tag{24}$$

und die Spannungen daraus

$$\sigma_y^E = -\frac{1}{\pi}\int_0^\infty \frac{\left(2\,\mathfrak{Sin}\frac{\alpha}{2} - \alpha\,\mathfrak{Cof}\frac{\alpha}{2}\right)\mathfrak{Cof}\,\alpha x + 2\,\alpha x\,\mathfrak{Sin}\frac{\alpha}{2}\,\mathfrak{Sin}\,\alpha x}{\mathfrak{Sin}\,\alpha + \alpha}\cos\alpha y'\,d\alpha\,,$$

[1]) Abhandlungen des Aerodynamischen Instituts Aachen, Heft 7.

$$\sigma_x^E = -\frac{1}{\pi}\int_0^\infty \frac{\left(2\,\mathfrak{Sin}\frac{\alpha}{2} + \alpha\,\mathfrak{Cos}\frac{\alpha}{2}\right)\mathfrak{Cos}\,\alpha x - 2\alpha x\,\mathfrak{Sin}\frac{\alpha}{2}\,\mathfrak{Sin}\,\alpha x}{\mathfrak{Sin}\,\alpha + \alpha}\cos\alpha y'\,d\alpha\,,$$

$$\tau_{xy}^E = -\frac{1}{\pi}\int_0^\infty \frac{\alpha\left(\mathfrak{Cos}\frac{\alpha}{2}\,\mathfrak{Sin}\,\alpha x - 2x\,\mathfrak{Sin}\frac{\alpha}{2}\,\mathfrak{Cos}\,\alpha x\right)}{\mathfrak{Sin}\,\alpha + \alpha}\sin\alpha y'\,d\alpha\,.$$

Die Auswertung der Integrale erfolgt, wie in der Abhandlung von v. Kármán, Grundlagen der Balkentheorie[1]), und der genannten Arbeit von Seewald auseinandergesetzt ist, also für kleine

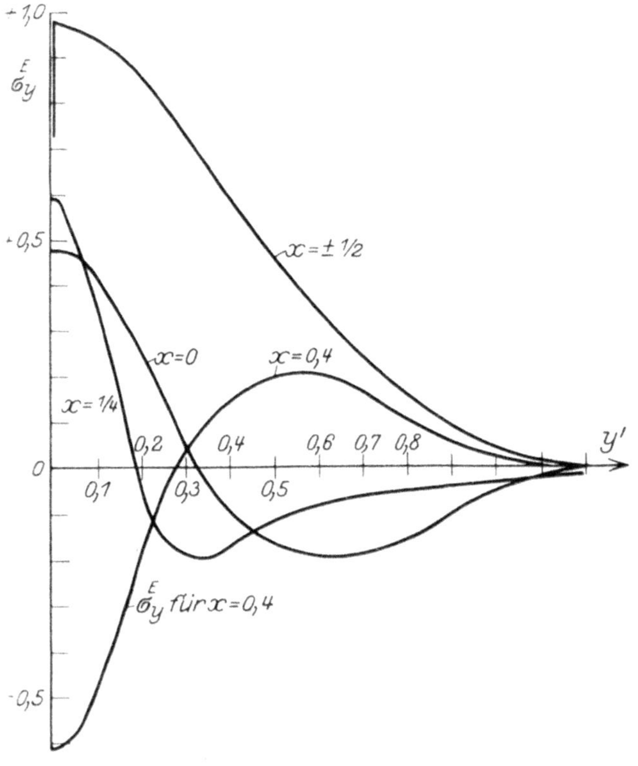

Abb. 8a.

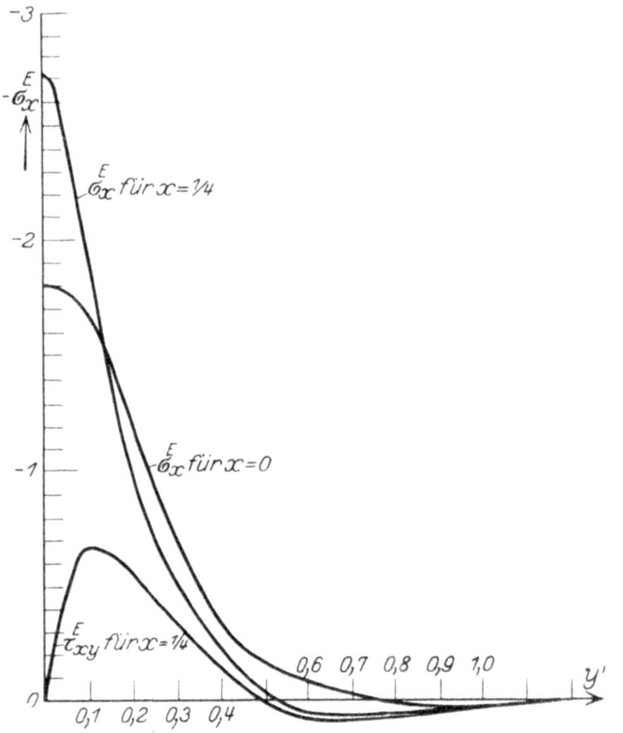

Abb. 8b.

y so, daß man das Integral von $\alpha = 0$ bis $\alpha = 5$ graphisch auswertet und von $\alpha = 5$ bis $\alpha = \infty$: $\mathfrak{Sin}\,\alpha + \alpha = \sim \frac{1}{2}e^{\alpha}$ setzt; für $y > \frac{1}{3}$ wendet man die asymptotische Entwicklung mit komplexer Integrationan. Die Abb. 8a und b enthält die Kurven der Spannungen σ^E für verschiedene Werte x. Die Spannung σ_y^E für $x = \pm\frac{1}{2}$ kann man schreiben:

$$\sigma_y^E = \sigma_x^E + \frac{2}{\pi}\int_0^\infty \frac{\alpha}{\mathfrak{Sin}\,\alpha + \alpha}\cos\alpha y'\,d\alpha\,,$$

so daß nur der zweite, überall endliche Teil berechnet zu werden braucht. Als Kontrolle der Kurven hat man die Bedingungen

$$\int_{-\infty}^{+\infty}\sigma_x^E\,dy' = 1\,,\qquad \int_{-1/2}^{+1/2}\sigma_y^E\,dx = 0\,.$$

Die Ermittlung der Spannungen σ_x^{II}, σ_y^{II}, τ_{xy}^{II} mittels der angegebenen Kurven geschieht genau

[1]) Abhandlung des Aerodynamischen Instituts Aachen, Heft 7.

so, wie bei den bekannten Einflußlinien; will man z. B. die Spannung σ_x^{II} am Punkte x, y bestimmen, so bringt man den Punkt $y' = 0$, der für x geltenden σ_x^{E}-Kurve zur Deckung mit dem Punkte y der (über $y = 0$ hinaus symmetrisch fortgesetzten) $\bar{\sigma}_x^{II}$-Kurve, multipliziert die Ordinaten beider Kurven und integriert die so entstehende Fläche.

Aus dem Abklingen der Einflußkurven entnimmt man, daß es für $y > \sim 1$ ohne Bedeutung für die praktische Berechnung ist, wie sich die $\bar{\sigma}_x^{II}$-Kurve über $y = 0$ hinaus fortsetzt. Da nun die $\bar{\sigma}_x^{II}$-Kurve, wie aus Abb. 6 ersichtlich, für $y > 0$ fast linear verläuft, kann man für $y > 1$ setzen

$$\sigma_x^{II}(x, y) = \bar{\sigma}_x^{II}\left(\pm\frac{1}{2}, y\right) \qquad \sigma_y^{II} = \tau_{xy}^{II} = \sim 0\,.$$

Die Berechnung zeigt, daß man dieselbe Annahme schon für $y > \sim 0{,}7$ machen kann, wenn man sich, wie hier geschehen soll, in den endgültigen Spannungswerten $(\sigma^{I} + \sigma^{II} + \sigma^{III})$ mit einer Genauigkeit von etwa 1% begnügt.

Wir müssen jetzt feststellen, welche Verschiebungen u für $y = 0$ von F^{II} herrühren. Wir haben

$$2mG\,u = \bar{u} = \int_0^x \left(\sigma_x^{II} - \frac{1}{3{,}11}\,\sigma_y^{II}\right) dx \qquad (\text{für } y = 0)\,,$$

die Integrationskonstante ist 0, da für $x = 0$ aus Symmetriegründen $u = 0$ sein muß. In Abb. 9 sind die Spannungen σ_x^{II} und σ_y^{II} für $y = 0$ eingetragen, und daraus $\frac{\partial \bar{u}}{\partial x}$ bestimmt. Die Integralkurve $\bar{u}\,(x)$ ist in Abb. 10 eingetragen. Wie man sieht, weicht die Funktion $\bar{u}\,(x)$ nicht sehr stark von einer linearen ab. Es liegt daher nahe, eine Spannung σ_y^{III} so zu überlagern, daß

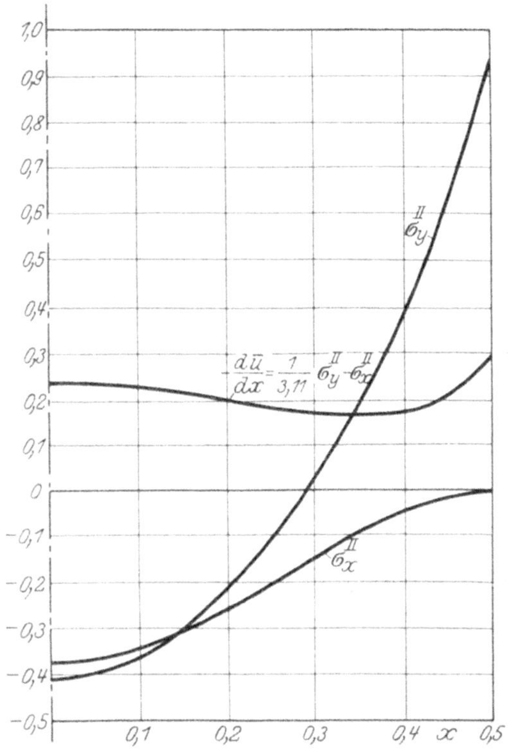

Abb. 9.

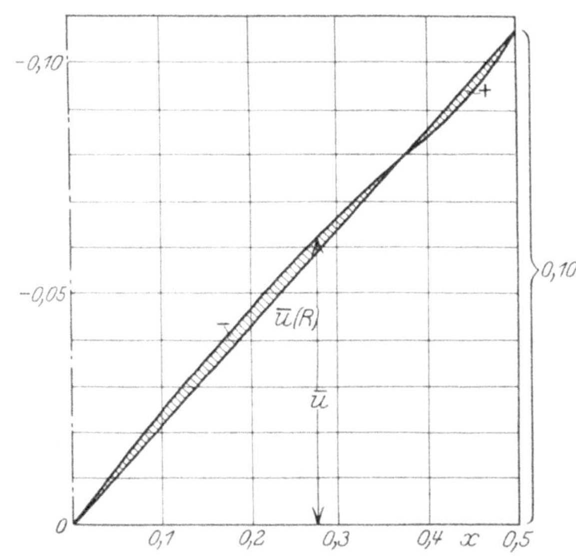

Abb. 10.

die Verschiebung u am Rande für $y = \pm\frac{1}{2}$ verschwindet, also daß $-\frac{1}{2}\cdot\frac{1}{3{,}11}\,\sigma_y^{III} = +\,0{,}106$, mithin

$$\sigma_y^{III} = -\,0{,}66 \qquad \sigma_x^{III} = \tau_{xy}^{III} = 0. \tag{25}$$

Alsdann bleiben innerhalb des Streifens in der x-Achse Verschiebungen $\bar{u}$ übrig, die durch die Ordinaten der in Abb. 10 schräg schraffierten Flächen gegeben sind und die wir als $\bar{u}\,(R)$ bezeichnen. Um einen Maßstab für diese Verschiebungen zu gewinnen, berechnen wir die Verschiebung, welche für $y = \infty$ entsteht, also auch bei ungehinderter Querdehnung unter der gleichen Last eintreten würde. Dazu bestimmen wir zunächst die Spannung $\sigma_y(\infty)$, die bei $y = \infty$ herrscht. Sie ist

$$\sigma_y(\infty) = \sigma_y^I(\infty) + \sigma_y^{III}.$$

Weil nun $\tau_{xy}^I = 0$ für $x = \pm\frac{1}{2}$, so haben wir mit Gl. (19):

$$\sigma_y^I(\infty) = \int_{-1/2}^{+1/2} \sigma_y^I \, dx \, (y = 0) = 3{,}65 \left(-\int_0^1 x^{-1/4} \, dx + D(1)\right) - 0{,}572 \, R\,(2,\,1) \int_{-1/2}^{+1/2} x^2 \, dx = -2{,}97\,.$$

Also wird für $x = +\frac{1}{2}$: $\bar{u}\,(\infty) = \frac{2{,}97 + 0{,}66}{3{,}11} \cdot 0{,}5 = 0{,}584$ und $\sigma_y(\infty) = -3{,}63$. Man ersieht daraus, daß $\bar{u}\,(R)$ kleiner ist als 1% von $\bar{u}\,(\infty)$. Wir sind also berechtigt, den Einfluß der $\bar{u}\,(R)$ zu vernachlässigen, und die Spannungen $\sigma^I + \sigma^{II} + \sigma^{III}$ als genügend genau anzusehen. Wir wollen dabei alle Spannungen mit demselben Faktor A_1 so multiplizieren, daß $\sigma_y(\infty) = P = -1$ wird. Dann ist

$$A_1 = \frac{1}{3{,}63} = 0{,}275\,.$$

Tabelle A. Spannungen σ_y für $\lambda = \infty$.

y	$x =$					
	0,0	0,1	0,2	0,3	0,4	0,5
0	—0,95	—0,95	—0,94	—0,94	—0,97	—∞
0,1	—0,99	—0,99	—0,99	—1,00	—1,03	—0,98
0,2	—1,01	—1,01	—1,02	—1,02	—0,99	—0,95
0,3	—1,02	—1,02	—1,01	—1,00	—0,98	—0,94
0,5	—1,02	—1,01	—1,00	—1,00	—0,97	—0,96
0,7	—1,01	—1,01	—1,00	—1,00	—0,99	—0,99

Tabelle B. Spannungen σ_x für $\lambda = \infty$.

y	$x =$					
	0,0	0,1	0,2	0,3	0,4	0,5
0	—0,31	—0,31	—0,31	—0,30	—0,30	—∞ (0)
0,1	—0,24	—0,23	—0,21	—0,18	—0,10	0
0,2	—0,17	—0,16	—0,14	—0,10	—0,04	0
0,3	—0,10	—0,09	—0,08	—0,05	—0,02	0
0,5	—0,04	—0,04	—0,03	—0,02	—0,01	0

Tabelle C. Schubspannungen τ_{xy} für $\lambda = \infty$.

y	x^2					
	0,0	0,1	0,2	0,3	0,4	0,5
0	0	+ 0,04	+ 0,08	+ 0,13	+ 0,20	+ ∞ (0)
0,1	0	+ 0,03	+ 0,07	+ 0,11	+ 0,12	0
0,2	0	+ 0,01	+ 0,04	+ 0,06	+ 0,03	0
0,3	0	+ 0,00	+ 0,01	+ 0,02	—0,02	0

In den Tabellen A, B, C sind die so berechneten Spannungen zusammengestellt bis $y = 0{,}7$. Man ersieht daraus, daß für $y = 0{,}7$ sich die Spannungen σ_y nur um etwa 1% von 1 unterscheiden. Da σ_x und τ_{xy} gleichzeitig sehr klein werden, ist bei $y = 0{,}7$ der gleichmäßige Spannungszustand, wie er bei ungehinderter Querdehnung eintreten würde, praktisch erreicht. Daraus folgt, daß die Spannungen der Tabellen A, B, C auch noch als praktisch genügend genau anzusehen sind, solange das Längenverhältnis des Probekörpers $\frac{l}{d} = \lambda \geqq 1{,}4$. Für $0{,}7 \leqq \lambda \leqq 1{,}4$ kann man die Spannungen sehr einfach gewinnen, indem man die gleiche Spannungsverteilung noch einmal, und zwar spiegelbildlich zur Geraden $y = \frac{\lambda}{2}$ überlagert, also mit $y = \lambda$ als Endgeraden und dann eine Zugspannung $\sigma_y = +1$ hinzugefügt. Die Grenzbedingungen sind dann offenbar hinreichend genau erfüllt und sogar für $\lambda = 0{,}6$ kann der Fehler nicht erheblich sein. Dann bestimmen sich die Spannungen $\sigma_x^{(\lambda)}$, $\sigma_y^{(\lambda)}$ usw. bei dem Längenverhältnis λ wie folgt, indem man mit $\sigma_{(x)}$ usw. die Spannungen der Tabellen A, B, C ($\lambda = \infty$) bezeichnet:

$$\sigma_y^{(\lambda)}(x, y) = \sigma_y(x, y) + \sigma_y(x, \lambda - y) + 1,$$

$$\sigma_x^{(\lambda)}(x, y) = \sigma_x(x, y) + \sigma_x(x, \lambda - y),$$

$$\tau_{yx}^{(\lambda)}(x, y) = \tau(x, y) - \tau(x, \lambda - y).$$

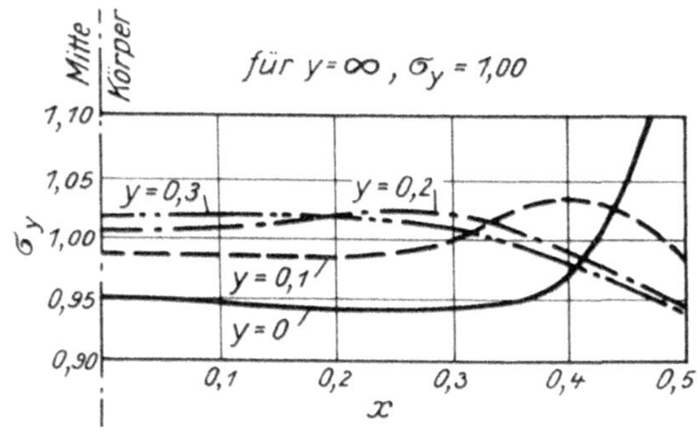

Abb. 11.

Für $\lambda = \infty$ veranschaulicht Abb. 11 den Verlauf der Spannungen σ_y.

Es ist leicht, hieraus auch die wagerechten Verschiebungen $\bar{u}$ zu berechnen, welche bei $y = \frac{\lambda}{2}$, $x = \frac{1}{2}$, also im mittleren Horizontalschnitt an der seitlichen Begrenzung auftreten, also $\bar{u}_{\max}$ für verschiedene λ zu bestimmen. Ist diese Verschiebung für große λ oder bei ungehinderter Querdrehung $\bar{u}$ (∞), so erhält man folgende Werte $\bar{u}_{\max}$

$$\lambda = 1{,}2 \qquad \bar{u}_{\max} = 0{,}92\, \bar{u}(\infty),$$

$$\lambda = 1 \qquad \bar{u}_{\max} = 0{,}85\, \bar{u}(\infty),$$

$$\lambda = 0{,}8 \qquad \bar{u}_{\max} = 0{,}76\, \bar{u}(\infty),$$

$$\lambda = 0{,}6 \qquad \bar{u}_{\max} = 0{,}64\, \bar{u}(\infty).$$

Besprechung der Resultate.

Zunächst folgt aus dem oben Gesagten, daß der Einfluß der Reibung sich nur bis zu einer Entfernung von der Druckfläche bemerkbar macht, die gleich rd. ¾ der Breite der Probekörpers ist. Ein Körper, dessen Länge größer ist als die 1,5fache Breite, verhält sich in der Mitte praktisch ebenso wie bei ungehinderter Querdehnung.

Um weitere Schlüsse zu ziehen, müssen wir feststellen, wann und wo die Elastizitätsgrenze zuerst überschritten wird. Nach Mohr wird die Elastizitätsgrenze dann erreicht, wenn der Spannungskreis eine Grenzkurve berührt, die in der Form

$$|\sigma_1 - \sigma_2| = f(\sigma_1 + \sigma_2)$$

oder

$$\sqrt{4\tau^2 + (\sigma_y - \sigma_x)^2} = f(\sigma_x + \sigma_y)$$

angegeben werden kann. Hierin ist f eine Funktion, die für jedes Material verschieden sein kann. Der einfachste Fall ist

$$|\sigma_1 - \sigma_2| = \sqrt{4\tau^2 + (\sigma_y - \sigma_x)^2} = C,$$

der z. B. für die meisten Metalle gilt. Wir berechnen also $|\sigma_1 - \sigma_2|$ und verbinden die Punkte mit gleichen Werten durch Kurven. In Abb. 12 sind diese Kurven gezeichnet, und zwar gilt 12a für $\lambda = \infty$, 12b für $\lambda = 1$, 12c für $\lambda = 0{,}6$. Überall auf der Kurve $\sigma_1 - \sigma_2 = 1$ wird die Elastizitätsgrenze bei derselben Last P_0 erreicht, wie bei großem y oder bei ungehinderter Querdehnung, also bei $\frac{P}{P_0} = 1$, allgemein auf der Kurve $|\sigma_1 - \sigma_2| = C$ bei einer Last $P = \frac{P_0}{C}$.

Aus Abb. 12 ersieht man, daß die Elastizitätsgrenze stets zuerst in der Ecke überschritten wird, und zwar geschieht dies schon bei ganz kleinen Lasten. Wird P gleich P_0, so liegt jedoch erst der kleine von der Kurve 1 umschlossene Bereich nächst der Ecke außerhalb der Elastizitätsgrenze. In der Nähe der Ecke werden dann bleibende Formänderungen eintreten, und die Spannungsverteilung wird sich hier etwas ändern. Auf die Spannungsverteilung im übrigen Teile des Körpers und auf die Bruchlast kann dies aber keinen wesentlichen Einfluß haben. Ist $\lambda = 1{,}5$, so wird nach Abb. 12a bei $P = P_0$ auch in der Mitte der Höhe des Körpers die Elastizitätsgrenze erreicht. Man wird daraus schließen dürfen, daß bei $\lambda \geqq \sim 1{,}5$ auch der

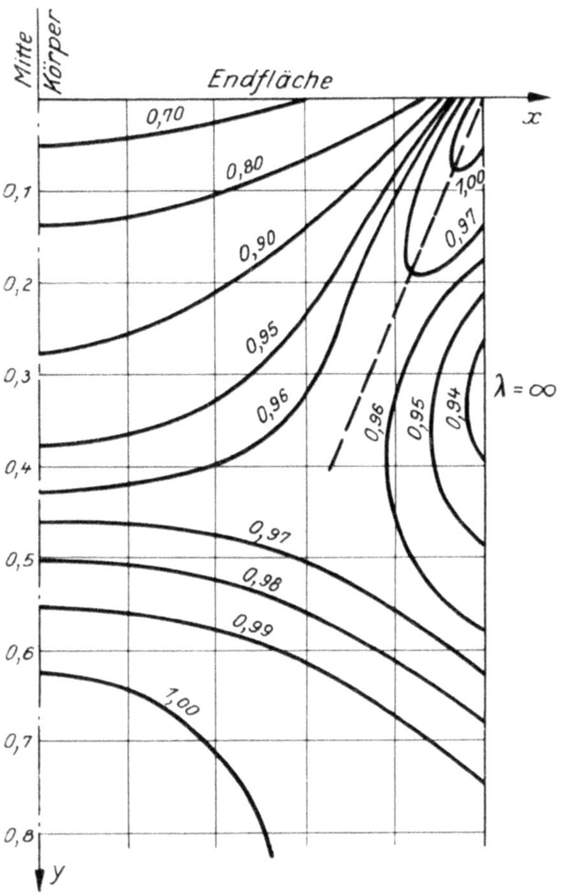

Abb. 12a.

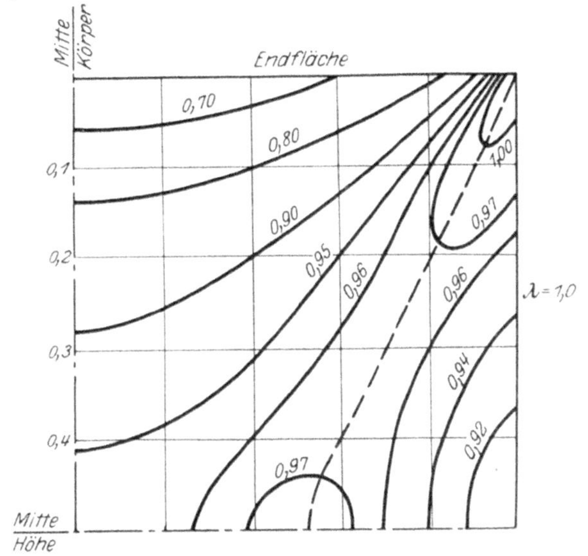

Abb. 12b.

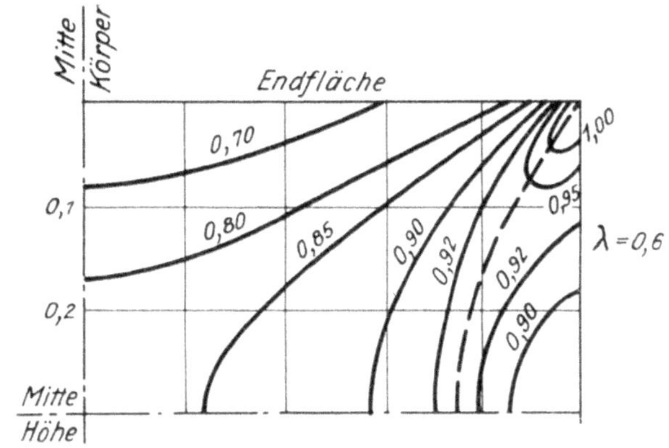

Abb. 12c.

Bruch bei ungefähr der gleichen Last wie bei größerer Länge oder bei ungehinderter Querdehnung eintritt.

Zu beachten ist, daß sich eine Zone größter Beanspruchung von der Ecke aus längs der punktierten Linie nach der Mitte hin zieht. In Abb. 12b enthält diese Zone die größten überhaupt auftretenden Beanspruchungen, wobei man aus den oben angeführten Gründen von der nächsten Nähe der Ecke absieht. Eine Überschreitung der Elastizitätsgrenze und eine Bruchgefahr kann also für $\lambda = 1$ sicher nicht eher als bei $P = \frac{1}{0{,}96} P_0 = 1{,}04\ P_0$ eintreten und für $\lambda = 0{,}6$ nicht eher als bei $P = \frac{1}{0{,}92} P_0 = 1{,}09\ P_0$. Aus Abb. 12c sieht man aber, daß bei $P = \frac{1}{0{,}92} P_0$ noch ein sehr großer Teil des Körpers seine Tragfähigkeit hat, so daß eine Bruchgefahr vielleicht erst bei größeren Lasten gegeben ist. Eine obere Grenze für die Bruchgefahr erhalten wir, wenn wir die in der Mitte $\left(\text{bei } x = 0,\ y = \frac{\lambda}{2}\right)$ eintretende Beanspruchung zugrunde legen, also bei $\lambda = 0{,}6 : P = \frac{1}{0{,}84} P_0 = \sim 1{,}20\ P_0$, weil erst dann im ganzen mittleren Horizontalschnitt die Elastizitätsgrenze überschritten ist. Wir haben also eine obere (I_o) und eine untere (I_u) Grenze für die Erhöhung der Bruchlast bei Metallen, die in Abb. 13 eingetragen sind. Die Kurve I_u stimmt der Größenordnung nach mit den beobachteten Werten überein[1]).

Für steinartige Körper hat die Funktion f eine andere Form. Für Sandstein und Marmor findet man sie angegeben bei Prof. Th. v. Kármán, Forschungsarbeiten V. d. I. 1912, H. 118. Solange $|\sigma_1 + \sigma_2|$ nicht sehr groß wird, kann man schreiben

$$|\sigma_1 - \sigma_2| = C_1 - k\,(\sigma_1 + \sigma_2),$$

k ist nach der genannten Abhandlung für Marmor $= \sim \sin 37^0$, für Sandstein $= \sim \sin 50^0$. Für $k = \sin 45^0 = 0{,}707$ als Mittelwert kann man schreiben

$$|\sigma_1 - \sigma_2| - 0{,}707\,|\sigma_x + \sigma_y| = C \cdot 0{,}293,$$

worin jetzt C wieder die gleiche Bedeutung hat, wie oben, also $P = \frac{P_0}{C}$ ist. Es wurde wieder nach den gleichen Annahmen wie oben die untere Grenze für die Erhöhung der Bruchlast punktiert in Abb. 13 eingetragen, und mit II_u bezeichnet. Für die obere Grenze mußte auf die Kurven der Abhandlung selbst zurückgegangen werden, da für die hier in Betracht kommenden $|\sigma_1 + \sigma_2|$ die lineare Beziehung nicht mehr genügend annähert. Die Kurve II_o gilt für Marmor, sie gibt schon für $\lambda = 1{,}0$ eine Erhöhung um 30%. Dieser Wert ist höher als die bisher vorliegenden Versuche ergeben; die Kurve II_u dürfte daher dem wirklichen Verhalten näher kommen.

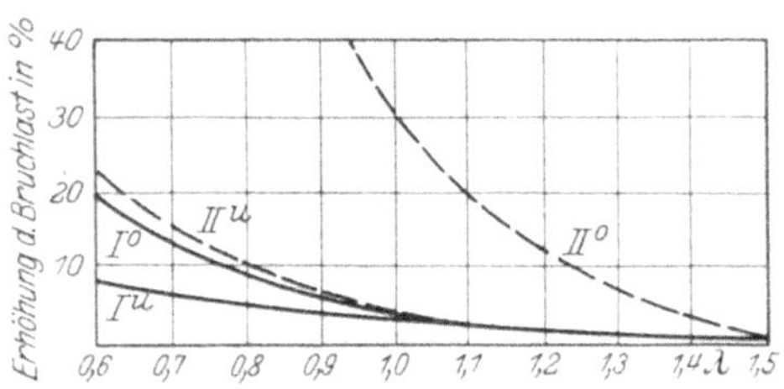

Abb. 13.

Wichtiger ist, daß schon die Kurve II_u oberhalb der Kurve I_o verläuft. Daraus wird man schließen dürfen, daß in der Tat die Erhöhung der Bruchlast mit abnehmender Länge für steinartige Körper bedeutender ist, als für Metalle; allerdings wäre dabei auch die Verschiedenheit der Poissonschen Konstante zu berücksichtigen, für die aber bisher zu wenig zuverlässige Messungen vorliegen. Jedenfalls ist aber die Gestalt der Mohrschen Elastizitätsgrenze von großem Einfluß auf die Erhöhung der Bruchlast. Diese selbst aus der Elastizitätstheorie genau zu bestimmen, dürfte nicht möglich sein.

In Abb. 11 sind die Spannungen σ_y für verschiedene Schnitte $y = \text{Const}$ gezeichnet. Man sieht, daß das Maximum sich von der Ecke aus mit wachsendem y gegen die Mitte verschiebt während an der Mantelfläche die Spannung zunächst abnimmt. Die Spannung σ_y allein verhält sich also schon ähnlich wie die $|\sigma_1 - \sigma_2|$ in der Abb. 12. Die $|\sigma_1 - \sigma_2|_{\max}$ liegen auf der punktierten Linie in Abb. 12, also auf einem ganz bestimmten von der Ecke ausgehenden Strahle unter dem Winkel φ_0 gegen die seitliche Begrenzung. Innerhalb desselben, also für $\varphi > \varphi_0$ besteht ein zusammenhängender Kern von erheblich geringerer Beanspruchung; dieser Kern würde den bei Druckversuchen übrigbleibenden Kegel- oder pyramidenförmigen Stücken entsprechen. Es ist daher von Wichtigkeit, festzustellen, welche Größe der Winkel φ_0 bei verschiedenen Werten m hat. Diese kann man aus der Lösung für die Ecke, also aus Gl. (4) ableiten. Man findet zunächst allgemein (Gl. 4)

$$|\sigma_1 - \sigma_2| = r^{n-2}\sqrt{(f'' + n\,(2-n)\,f)^2 + 4\,(n-1)^2 f'^2}\,. \tag{26}$$

Soll also $|\sigma_1 - \sigma_2|$ für konstante r ein Maximum werden, so muß sein

$$(f'' + n\,(2-n)\,f)\,(f''' + n\,(2-n)\,f') + 4\,(n-1)^2 f' f'' = 0.$$

[1]) Vgl. Franz Nehl: Dissertation, Aachen 1925.

Mit Benutzung von Gl. (5) erhält man daraus nach einiger Umformung

$$\operatorname{tg} 2\varphi_0 = \frac{2B'}{(2-n) - B'^2 \cdot n}, \qquad \left(B' = \frac{B}{A}\right). \tag{27}$$

Will man zu einem gegebenen m aus dieser Gleichung φ_0 berechnen, so hat man aus Abb. 3 n zu entnehmen und aus Gl. (6) oder (7) B zu bestimmen. In Abb. 14 ist der Winkel φ_0 als Funktion von m dargestellt. Für $m = \frac{4}{3}$, $n = 1{,}5$ wird $\varphi_0 = \frac{\pi}{2}$, für $m = 2$ nahezu $\varphi_0 = \sim 45^0$. Dies ist also der größte wirklich auftretende Wert von φ_0. Man sieht, daß sich φ_0 für $2 < m < 6$ ungefähr nach der Formel ändert

$$\varphi_0 = \sim \frac{\pi}{2m}.$$

Der Winkel φ_0 ist unabhängig von der Länge des Probekörpers, da die Ableitung nur für die Ecke gilt. Ein Blick auf Abb. 12 lehrt jedoch, daß von $\lambda = \infty$ bis $\lambda = 1$ der durch die punktierte Linie angegebene Strahl, der dem Winkel φ_0 entspricht, sich nicht merklich ändert. Bei $\lambda = 0{,}6$ ist er in eine Kurve übergegangen. Der Winkel φ_0 gilt nur für deren Tangente in der nächsten Nähe der Ecke; dort verliert aber, wenn man sich der Bruchlast nähert, wie oben erörtert, die elastische Lösung ihre Gültigkeit. Der Winkel φ_0 hat also wirkliche Bedeutung nur für $\infty \geqq \lambda > \sim 1$. Wenn λ wesentlich kleiner wird als 1, kann man überhaupt von der Elastizitätstheorie keinen Aufschluß mehr über das Verhalten des Körpers in der Nähe der Bruchlast erwarten. Mit dem Eintritt bleibender Formänderungen werden sich die Unterschiede in der Beanspruchung, wie sie schon Abb. 12c im mittleren Horizontalschnitt zeigt, ausgleichen müssen. Man wird also für kleine λ der Wirklichkeit näher kommen, wenn man die Plastizitätstheorie anwendet. Dies soll in folgendem wenigstens für die Ecke versucht werden.

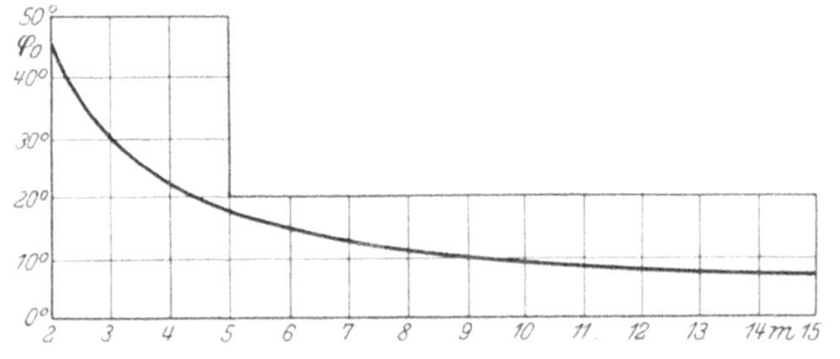

Abb. 14.

Anwendung der Plastizitätstheorie.

Auch die Spannungen der plastischen Lösung lassen sich für das ebene Problem in der bekannten Weise durch die Airysche Spannungsfunktion ausdrücken, weil die Gleichgewichtsbedingungen unverändert bleiben. An Stelle der Gleichung $\Delta\Delta F = 0$ tritt die Plastizitätsbedingung

$$\left|\frac{\sigma_1 - \sigma_2}{2}\right| = C - k\frac{\sigma_1 + \sigma_2}{2}, \tag{28}$$

mit dem Sonderfall $k = 0$

$$\left|\frac{\sigma_1 - \sigma_2}{2}\right| = C. \tag{28a}$$

Hierin ist $k = \sin\beta$, wo β den Winkel bedeutet, unter dem die geradlinig angenommene Mohrsche Elastizitätsgrenze im $\sigma\tau$-Koordinatensystem gegen die σ-Achse geneigt ist. Die Lösung für die Ecke in Polarkoordinaten setzt sich aus Funktionen von der Form

$$F = r^2 \cdot f(\varphi)$$

zusammen, da die Spannungen endlich und von Null verschieden sein müssen. Wir brauchen zwei Arten von Lösungen der Gl. (28) bzw. (28a). Die erste lautet

$$f_0 = A\cos 2\varphi + B \cdot \sin 2\varphi + D. \tag{29}$$

Sie befriedigt zugleich auch die Elastizitätsbedingungen, und stellt in einem rechtwinkligen

Koordinatensystem gleichmäßige Spannungen σ_x, σ_y dar. Die Gleitlinien sind parallel und unter dem Winkel $\varphi_1 = \frac{\pi}{4} - \frac{\beta}{2}$ gegen die Richtung der größten Druckspannung geneigt.

Die zweite Lösung ist die von Prandtl, Z. ang. Math. Mech. 1921, H. 1, angegebene, welche lautet

$$f_1 = \frac{1}{2}\left(\frac{C}{k} - A_1 e^{\pm 2\varphi \cdot \operatorname{tg}\beta}\right), \tag{30}$$

bzw. für $\beta = 0$

$$f_1 = \pm C\varphi + \text{const}. \tag{30a}$$

Hier sind alle von der Ecke ausgehenden Strahlen Gleitlinien. Längs einer Gleitlinie kann man nun Lösungen aus (29) und (30) derart aneinandersetzen, daß die Spannungen σ_r, σ_φ, $\tau_{r\varphi}$ oder, was dasselbe ist, f, f', f'', stetig übergehen.

Unsere Ecklösung setzt sich nun aus folgenden Teilen zusammen (Abb. 15).

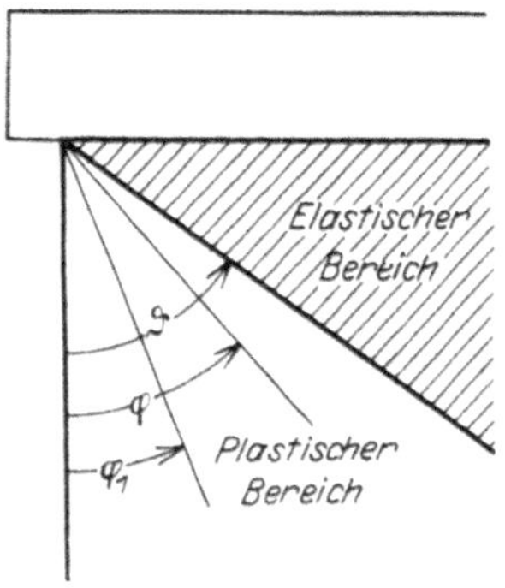

Abb. 15.

Von $\varphi = 0$ bis $\varphi = \varphi_1$ gilt eine Lösung von der Art (29), so daß für $\varphi = 0$, $f_0 = 0$, $f_0' = 0$ wird, also

$$f_0 = \frac{1}{2} A (\cos 2\varphi - 1) \quad \left(A = C \frac{1}{1 - \sin\beta}\right), \tag{31}$$

was einen einfachen Druck parallel der seitlichen Begrenzung darstellt. Für $\varphi = \varphi_1 = \frac{\pi}{4} - \frac{\beta}{2}$ haben wir daraus

$$f_0 = \frac{1}{2} A (\sin\beta - 1),$$

$$f_0' = -2A\cos\beta,$$

$$f_0'' = -2A\sin\beta,$$

von $\varphi = \varphi_1$ bis $\varphi = \vartheta$ gilt die Lösung f_1 aus (30) bzw. (30a). Setzt man

$$f_1 = \frac{A}{2\sin\beta}(1 - \sin\beta - \cos^2\beta\, e^{+2(\varphi - \varphi_1)\operatorname{tg}\beta}), \tag{32}$$

bzw.

$$f_1 = -A\left(\varphi - \varphi_0 + \frac{1}{2}\right), \tag{32a}$$

so sind bei $\varphi = \varphi_1$ alle Spannungen stetig.

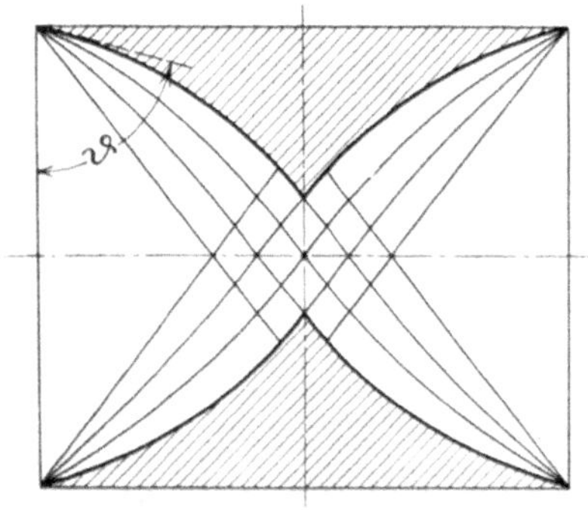

Abb. 16.

Von $\varphi = \vartheta$ bis $\varphi = \frac{\pi}{2}$ gilt wieder eine Lösung f_2 von Art (29), die sowohl plastisch als elastisch sein kann. Beim Körper von endlicher Breite jedoch entspricht der Zone $\vartheta \leqq \varphi \leqq \frac{\pi}{2}$ der in Abb. 16 schraffierte Teil. Hier ist das seitliche Ausweichen durch die Reibung an der Druckfläche gehindert.

Innerhalb des schraffierten Teiles haben wir also ein elastisches Verhalten anzunehmen, das an den Grenzen in das plastische übergeht. Wir müssen also die Lösung f_2 als elastische ansehen und können für $\varphi = \frac{\pi}{2}$ die früheren Randbedingungen (IIIc) und (IVc) mit $n = 2$ zugrundelegen. Aus (IVc) folgt die Gleichung

$$f_2''' + 4 f_2' = 0,$$

welche von allen Lösungen von der Form (29) erfüllt wird. Wir schreiben:

$$f_2 = a\cos 2\varphi + b \cdot \sin 2\varphi + d. \tag{33}$$

Die Randbedingung (IIIc) lautet jetzt

$$(m-1)\,f'' + 2\,(m-2)\,f = 0$$

mit Gl. (33) folgt daraus

$$d = -a\,\frac{m}{m-2}\,. \tag{34}$$

Für $\varphi = \vartheta$ haben wir dann die drei Bedingungen $f_1 = f_2$, $f_1' = f_2'$, $f_1'' = f_2''$ zu erfüllen, welche zur Bestimmung der drei Unbekannten a, b, ϑ notwendig und hinreichend sind. Die drei Gleichungen lauten unter Benutzung von (34), wenn der Maßstabfaktor $A = 2$ gesetzt wird.

$$\frac{1}{\sin\beta}\,(1-\sin\beta-\cos^2\beta\, e^{2\,(\vartheta-\varphi_1)\,\mathrm{tg}\,\beta}) = a\left((\cos 2\vartheta - \frac{m}{m-2}\right) + b\cdot\sin 2\vartheta \tag{35}$$

$$-\cos\beta\, e^{2\,(\vartheta-\varphi_1)\,\mathrm{tg}\,\beta} = -a\sin 2\vartheta + b\cos\vartheta \tag{36}$$

$$\sin\beta\, e^{2\,(\vartheta-\varphi_1)\,\mathrm{tg}\,\beta} = a\cos 2\vartheta + b\sin 2\vartheta\,, \tag{37}$$

bzw.

$$-2\left(\vartheta-\varphi_1+\frac{1}{2}\right) = a\left(\cos 2\vartheta-\frac{m}{m-2}\right)+b\sin 2\vartheta\,, \tag{35a}$$

$$-1 = -a\sin 2\vartheta + b\cdot\cos 2\vartheta, \tag{36a}$$

$$a\cos 2\vartheta + b\cdot\sin 2\vartheta = 0, \tag{37a}$$

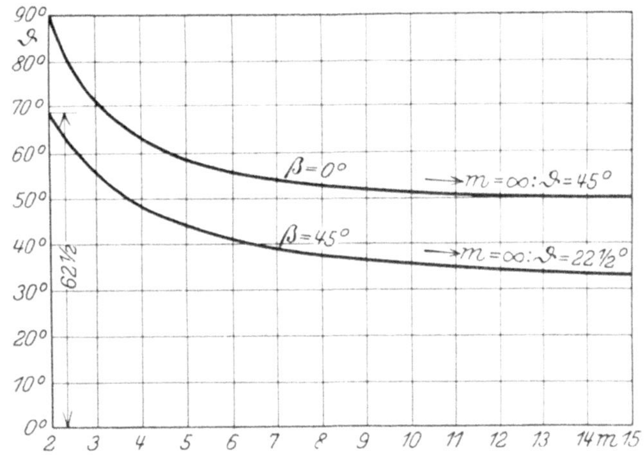

Abb. 17.

aus (36) und (37) erhält man zunächst

$$a = -b\cdot\mathrm{tg}\,(2\vartheta+\beta) \tag{38}$$

und dann aus (35)

$$\frac{1}{\sin^2\beta}\,[1-(1-\sin\beta)\,e^{-2\,(\vartheta-\varphi_1)\,\mathrm{tg}\,\beta}]\left[\cos 2\vartheta-\frac{\sin 2\vartheta}{\mathrm{tg}\,(2\vartheta+\beta)}\right] = \frac{m}{m-2}\,, \tag{39}$$

bzw.

$$2\left(\vartheta-\varphi_0+\frac{1}{2}\right) = \frac{m}{m-2}\cdot\sin 2\vartheta\,. \tag{39a}$$

Hierdurch ist ϑ als Funktion von m und β bestimmt. In Abb. 17 ist ϑ als Funktion von m für $\beta = 0$ und $\beta = 45^0$ dargestellt. Die Grenzwerte, zwischen denen sich ϑ bewegt, lassen sich aus (39) angeben, denn für $m = 2$ muß $\mathrm{tg}\,(2\vartheta+\beta) = 0$ sein, also

$$\vartheta - \frac{\pi}{2} - \frac{\beta}{2} \quad \text{für } m = 2\,,$$

andererseits muß sein

$$\vartheta = \frac{\pi}{4} - \frac{\beta}{2} \quad \text{für } m = \infty\,.$$

Es ist noch von Wichtigkeit, den Wert des Reibungskoeffizienten an der Druckfläche zu ermitteln. Wir erhalten dafür

$$\mu = \frac{\sigma_\varphi}{\tau} = \frac{1}{2}\frac{f'}{f} = \frac{b}{2a}\frac{m-2}{m-1}$$

und mit Benutzung von (38)

$$\mu = \frac{m-2}{2(m-1)} \operatorname{cotg}(2\vartheta + \beta)\,.$$

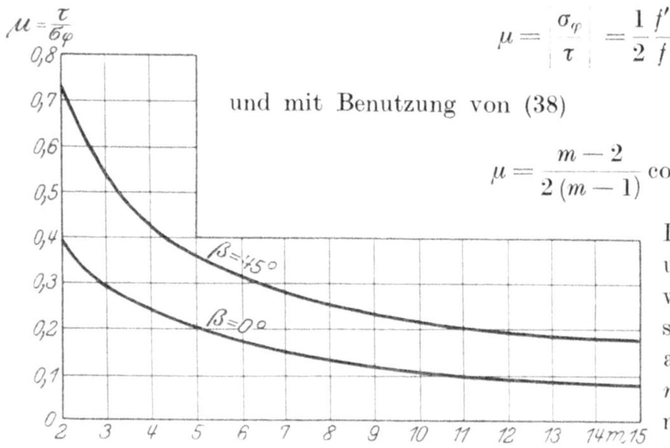

Abb. 18.

In Abb. 18 findet man μ für $\beta = 0$ und $\beta = 45^0$ dargestellt. Für $\beta = 0$ weicht μ nicht allzusehr von den sich aus Abb. 4 ergebenden Werten ab. Für $\beta = 45^0$ hingegen zeigt μ für $m < 4$ Werte, die tatsächlich wohl nicht auftreten können. Dabei ist aber zu bemerken, daß für steinartige Körper, bei denen $\beta = \sim 45^0$ wird, m wahrscheinlich größer als 4.

Eine Beziehung zwischen dem oben berechneten φ_0 und dem Winkel ϑ, der den nicht fließenden Bereich abgrenzen soll, läßt sich auf theoretischem Wege nicht angeben. Es müßte durch Versuche ermittelt werden, wie der Übergang vom rein elastischen Zustande zum teilweise plastischen vor sich geht.

Zusammenfassung.

Im Vorliegenden wird der Einfluß der Reibung beim Druckversuch untersucht, indem angenommen wird, daß dieselbe groß genug ist, um jede seitliche Verschiebung in der Druckfläche zu verhindern, und daß die Druckfläche eben bleibt. Das Problem wird dabei als ebenes behandelt, um eine strenge Lösung zu erhalten. Zunächst wird die Lösung für die Ecke allein angegeben und daraus der erforderliche Wert des Reibungskoeffizienten abgeleitet. Schon diese Lösung zeigt einen bestimmten von der Ecke ausgehenden Strahl, auf dem die Beanspruchung ein Maximum wird, und innerhalb dessen ein zusammenhängender Kern von geringerer Beanspruchung besteht; hierdurch könnte eine Erklärung der bekannten Bruchkegel gegeben werden. Der Winkel, den der erwähnte Strahl mit der seitlichen Begrenzung bildet, wird als Funktion der Poissonschen Konstanten angegeben: Er liegt zwischen 0 und 45. Durch eine Art Spiegelung an der freien Seite und Überlagern einer weiteren regulären Lösung für den unendlich langen Streifen gewinnt man mit $m =$ rund 4 eine Lösung für den Körper von begrenzter Breite, bei der die seitlichen Verschiebungen in der Druckfläche ebenfalls fast vollkommen verschwinden, und die man deshalb als die gesuchte Lösung betrachten kann. Hieraus endlich läßt sich mit genügender Genauigkeit die Spannungsverteilung für endliche Längen bis zu dem 0,6fachen der Breite herab gewinne. Die für verschiedene Längen errechneten Differenzen der Hauptspannungen zeigen, wie die Erhöhung der Bruchlast mit abnehmender Länge zustande kommt. Für diese Erhöhung kann nur eine obere und eine untere Grenze angegeben werden, während der genaue Wert derselben nicht festgestellt werden kann. Es zeigt sich jedenfalls, daß die Erhöhung der Bruchlast außer von der Poissonschen Konstanten in starkem Maße von der Gestalt der Mohrschen Elastizitätsgrenze abhängt. Die Spannungsverteilung für Längen, die kleiner sind als die Breite, führt zu der Annahme, daß für solche kurze Körper das wirkliche Verhalten in der Nähe der Bruchlast von dem aus der Elastizitätstheorie gefolgerten sehr verschieden sind. Es wird schließlich eine Lösung für die Ecke angegeben, bei der ein plastischer Teil an der seitlichen Begrenzung und ein elastischer Teil an der Druckfläche unter einem bestimmten Winkel aneinanderstoßen. Dieser Winkel und der zugehörige Reibungskoeffizient werden als Funktion der Poissonschen Konstanten und der Mohrschen Elastizitätsgrenze angegeben. Nur durch geeignete Versuche könnte klargelegt werden, wann und wie die rein elastische Lösung in die plastisch-elastische übergeht.

Abhandlungen aus dem Aerodynamischen Institut an der Technischen Hochschule Aachen

Herausgegeben von

Professor Dr. **Th. v. Kármán**

Heft 1: **Über laminare und turbulente Reibung.** Von **Th. v. Kármán. Zur näherungsweisen Integration der Differentialgleichung der laminaren Grenzschicht.** Von **K. Pohlhausen. Der Wärmeübergang an einem turbulenten Flüssigkeits- oder Gasstrom.** Von **H. Latzko. Grundwasserströmung in einem abfallenden Gelände mit Abfanggraben.** Von **L. Hopf** und **E. Trefftz.** Mit 32 Abbildungen. 66 Seiten. Berichtigter Neudruck. 1927. RM 6.—

Heft 2: **Ein Beitrag zum Spaltflügelproblem.** Von **W. Klemperer. Flug- und Trudelkurven.** Von **L. Hopf. Mechanische Modelle zum Segelflug.** Von **Th. v. Kármán. Der Einfluß des Windes auf die Transportleistung.** Von **W. Klemperer. Theoretische Bemerkungen zur Frage des Schraubenfliegers.** Von **Th. v. Kármán.** Mit 24 Abbildungen. 56 Seiten. Unveränderter Neudruck. 1927. RM 6.—

Heft 3: **Die Messung der hydraulischen Rauhigkeit.** Von **L. Hopf. Strömungswiderstand in rauhen Röhren.** Von **K. Fromm. Zahlenmaterial zur vorigen Abhandlung.** Von **K. Fromm.** Mit 35 Abbildungen. 43 Seiten. Berichtigter Neudruck. 1927. RM 6.—

Heft 4: **Strömungserscheinungen in Ventilen.** Von Dr.-Ing. **Bruno Eck. Gastheoretische Deutung der Reynoldsschen Kennzahl.** Von Professor Dr. **Th. v. Kármán. Über die Stabilität der Laminarströmung und die Theorie der Turbulenz.** Von Professor Dr. **Th. v. Kármán. Über einige Anwendungen nomographischer Methoden in der Thermodynamik.** Von Dr.-Ing. **Bruno Eck** und Dipl.-Ing. **Erich Kayser.** Mit 46 Abbildungen im Text. 48 Seiten. 1925. RM 5.10

Heft 5: **Theorie des Segelfluges.** Von Dr.-Ing. **W. Klemperer.** Mit 17 Abbildungen im Text. 78 Seiten. 1926. RM 6.90

Heft 6: **Berechnung der Druckverteilung an Luftschiffkörpern.** Von Professor Dr. **Th. v. Kármán. Strömungsverlauf und Druckverteilung an Widerstandskörpern in Abhängigkeit von der Kennzahl.** Von Regierungsbaumeister Dr.-Ing. **Hans Ermisch.** Mit 58 Abbildungen im Text. 50 Seiten. 1927. RM 7.50

Vorträge aus dem Gebiete der Hydro- und Aerodynamik (Innsbruck 1922.) Gehalten von zahlreichen Fachleuten. Herausgegeben von **Th. v. Kármán,** Professor am Aerodynamischen Institut der Technischen Hochschule, Aachen und **T. Levi-Civita,** Professor an der Universität Rom. Mit 98 Abbildungen im Text. 251 Seiten. 1924. RM 13.—

Fragen der klassischen und relativistischen Mechanik. Vier Vorträge, gehalten in Spanien im Januar 1921 von **T. Levi-Civita,** Professor in Rom. Autorisierte Übersetzung. Mit 13 Textfiguren. VI, 110 Seiten. 1924. RM 5.40

Mechanische Schwingungen und ihre Messung. Von Dr.-Ing. **Josef Geiger,** Oberingenieur, Augsburg. Mit 300 Abbildungen im Text und auf 2 Tafeln. XI, 305 Seiten. 1927. Gebunden etwa RM 20.—

GPSR Compliance

The European Union's (EU) General Product Safety Regulation (GPSR) is a set of rules that requires consumer products to be safe and our obligations to ensure this.

If you have any concerns about our products, you can contact us on ProductSafety@springernature.com

In case Publisher is established outside the EU, the EU authorized representative is:

Springer Nature Customer Service Center GmbH
Europaplatz 3
69115 Heidelberg, Germany

Batch number: 10684220

Printed by Printforce, the Netherlands